全国职业院校机械类专业通用教材

铣工技能训练图册（第二版）

马苍平　主编

中国劳动社会保障出版社

简介

本图册分为基本技能篇、综合技能篇、鉴定考核篇三部分，涵盖国家职业技能标准《铣工（2018 年版）》中的技能要求，图例丰富多样，贴近生产实际，内容循序渐进，在教学上具有良好的操作性。

本图册既可作为相关技能训练教材的配套用书，也可作为培训教材单独使用。

本图册由马苍平任主编，袁桂萍、李素兰任副主编，林清松、刘媛、常永春、马燕、于斌、张再成、吴静、牛素春、李宏、刘建宇、马乘达参加编写，张宝华任主审。

图书在版编目(CIP)数据

铣工技能训练图册 / 马苍平主编 . --2 版 . -- 北京：中国劳动社会保障出版社，2021
全国职业院校机械类专业通用教材
ISBN 978-7-5167-4848-0

Ⅰ. ①铣…　Ⅱ. ①马…　Ⅲ. ①铣床 - 职业教育 - 教材　Ⅳ. ①TG547

中国版本图书馆 CIP 数据核字（2021）第 025055 号

中国劳动社会保障出版社出版发行
（北京市惠新东街 1 号　邮政编码：100029）
*
北京市艺辉印刷有限公司印刷装订　新华书店经销
787 毫米 ×1092 毫米　16 开本　7.25 印张　152 千字
2021 年 2 月第 2 版　2021 年 2 月第 1 次印刷
定价：15.00 元

读者服务部电话：（010）64929211/84209101/64921644
营销中心电话：（010）64962347
出版社网址：http://www.class.com.cn
http://jg.class.com.cn

目　录

基本技能篇

一、铣平面

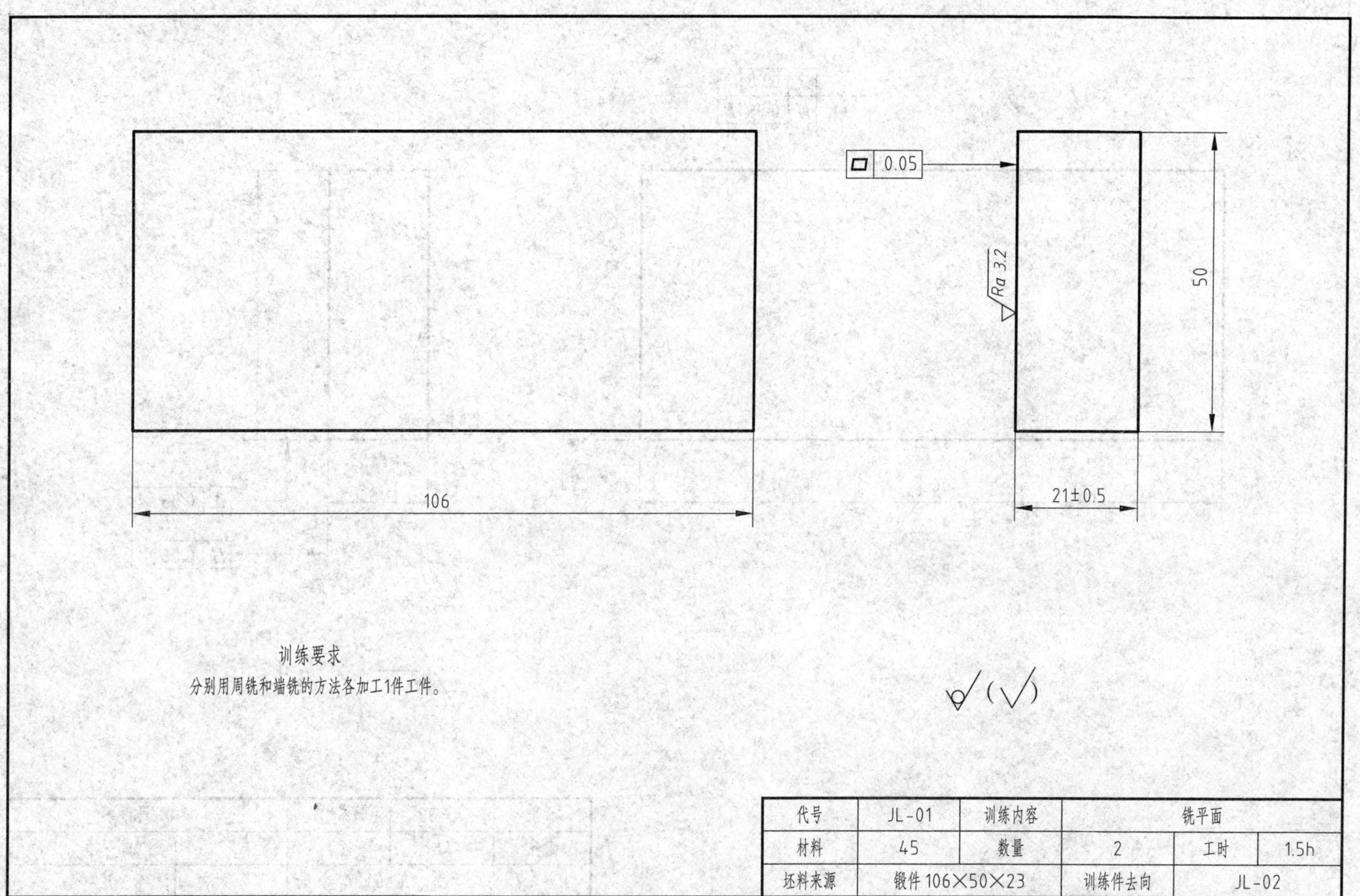

代号	JL-01	训练内容	铣平面		
材料	45	数量	2	工时	1.5h
坯料来源	锻件106×50×23	训练件去向	JL-02		

二、铣长方体（一）

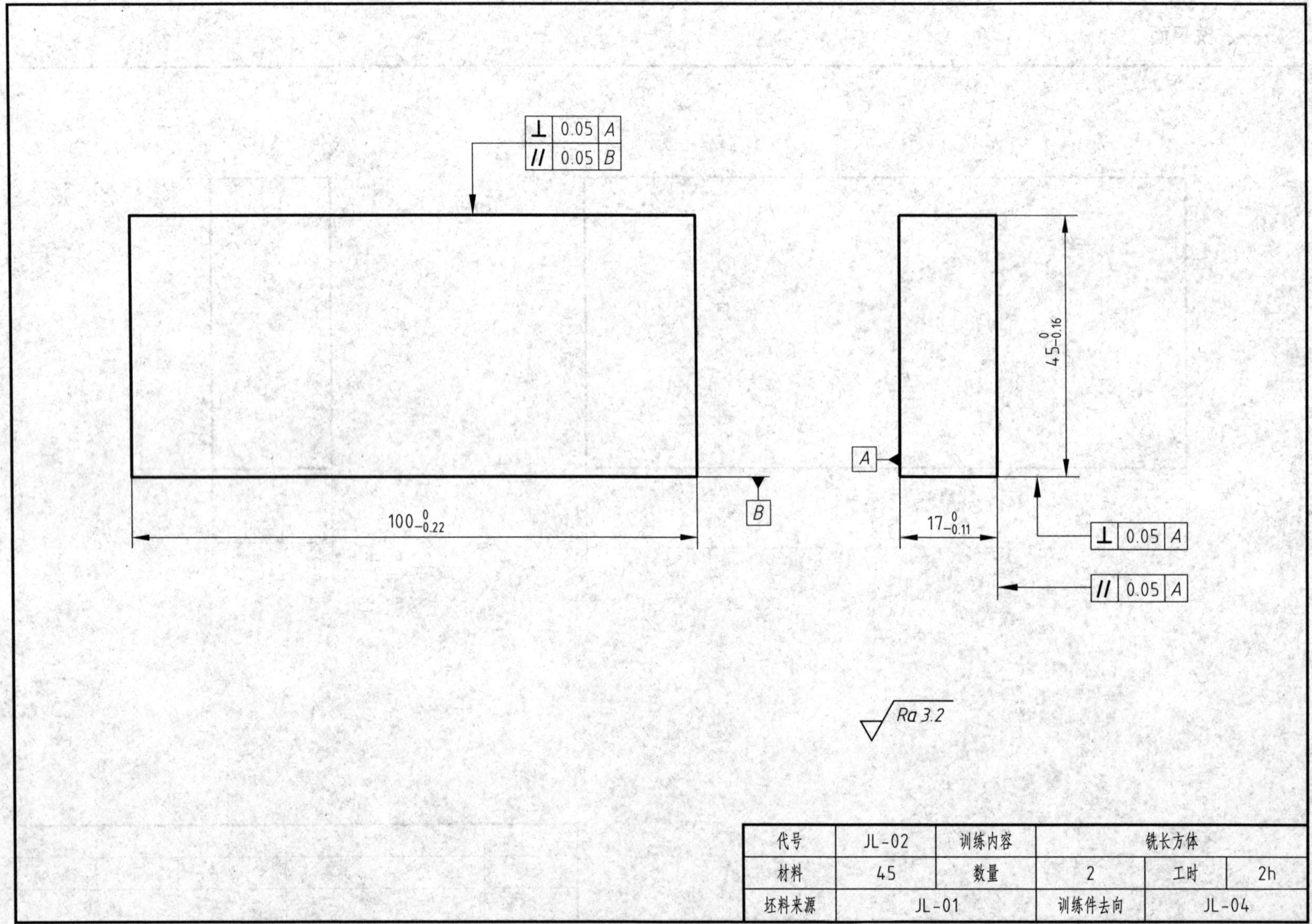

代号	JL-02	训练内容	铣长方体		
材料	45	数量	2	工时	2h
坯料来源	JL-01		训练件去向	JL-04	

三、铣长方体（二）

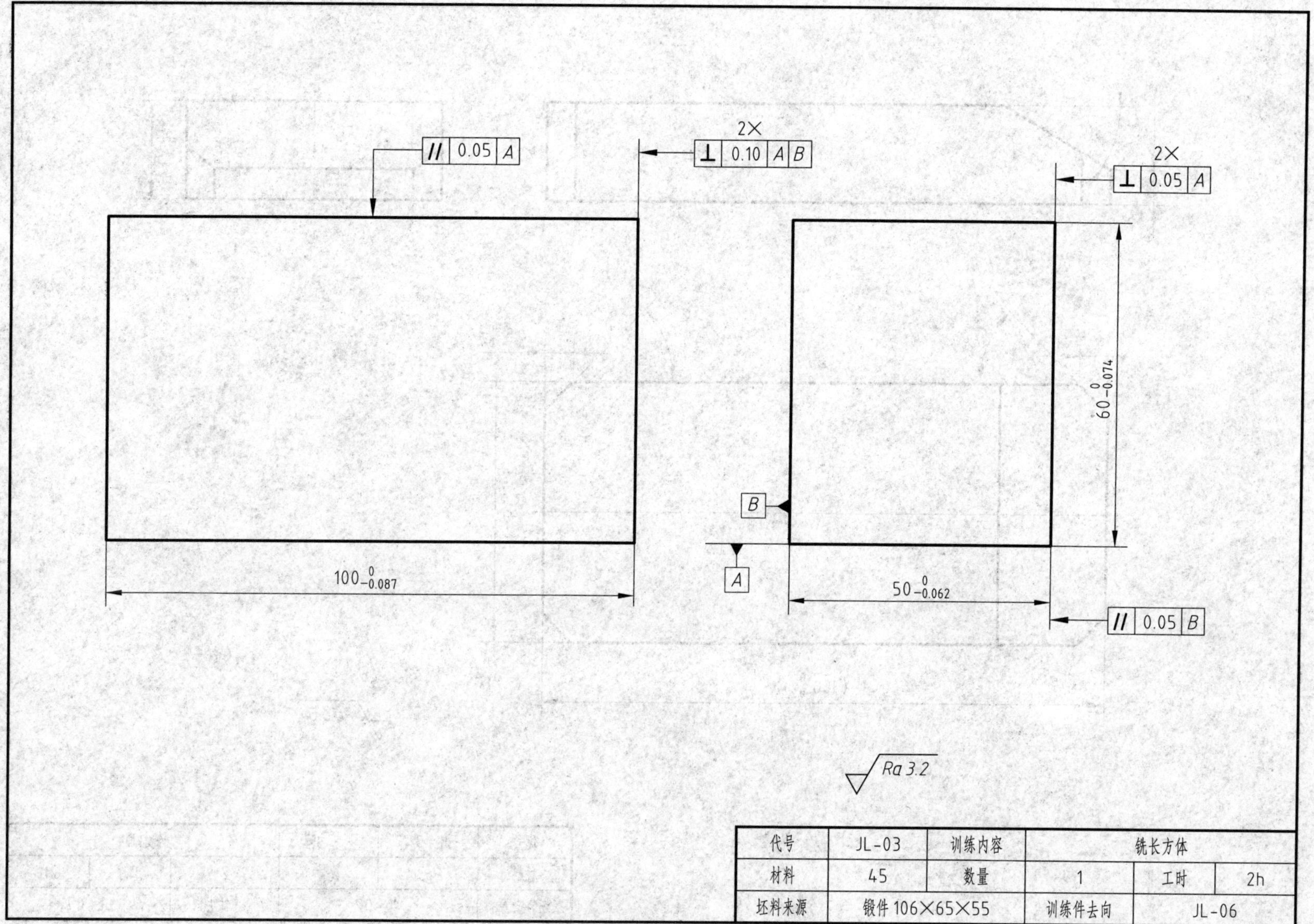

代号	JL-03	训练内容	铣长方体		
材料	45	数量	1	工时	2h
坯料来源	锻件 106×65×55		训练件去向	JL-06	

四、铣斜面

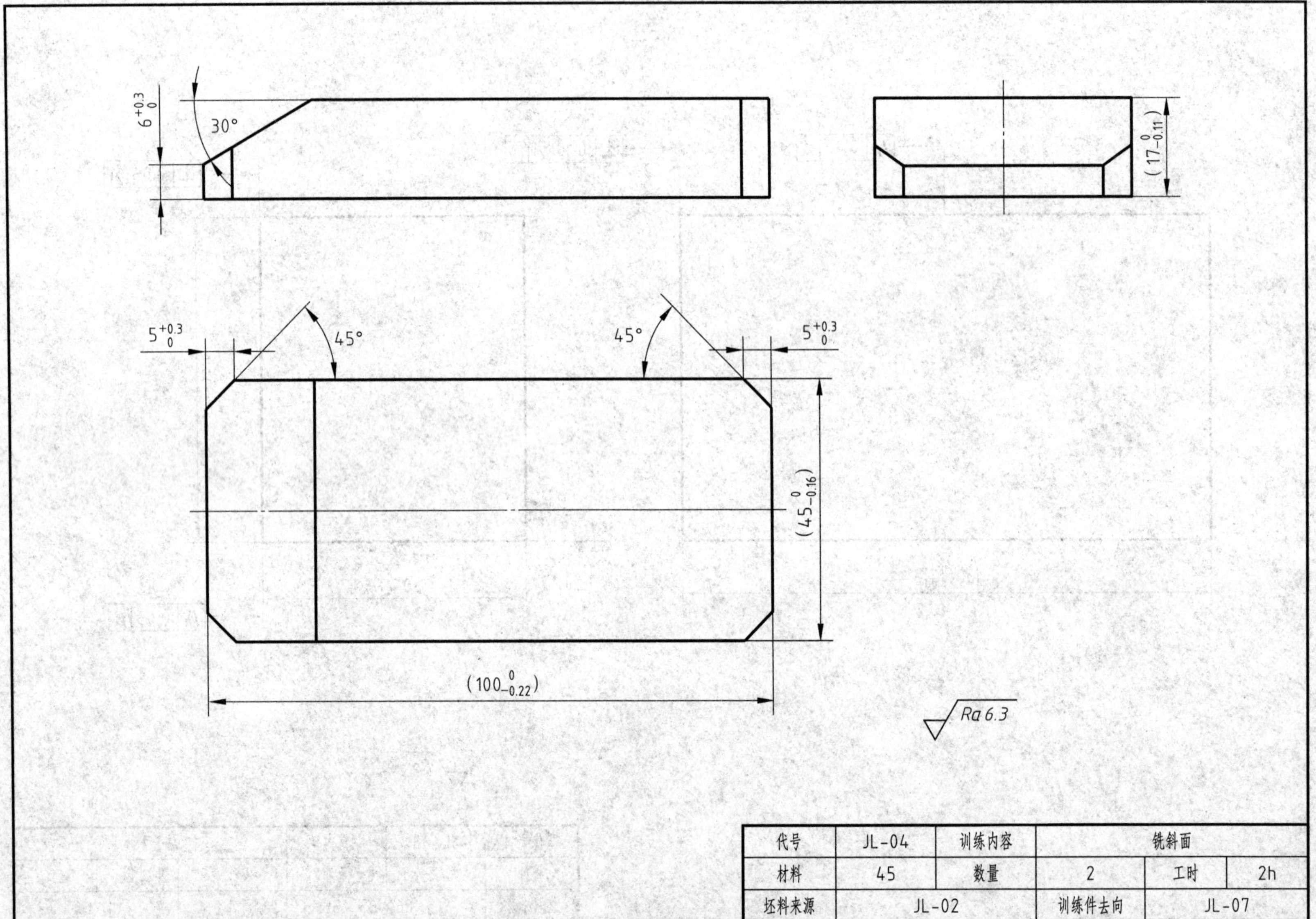

代号	JL-04	训练内容	铣斜面		
材料	45	数量	2	工时	2h
坯料来源	JL-02		训练件去向	JL-07	

五、铣台阶

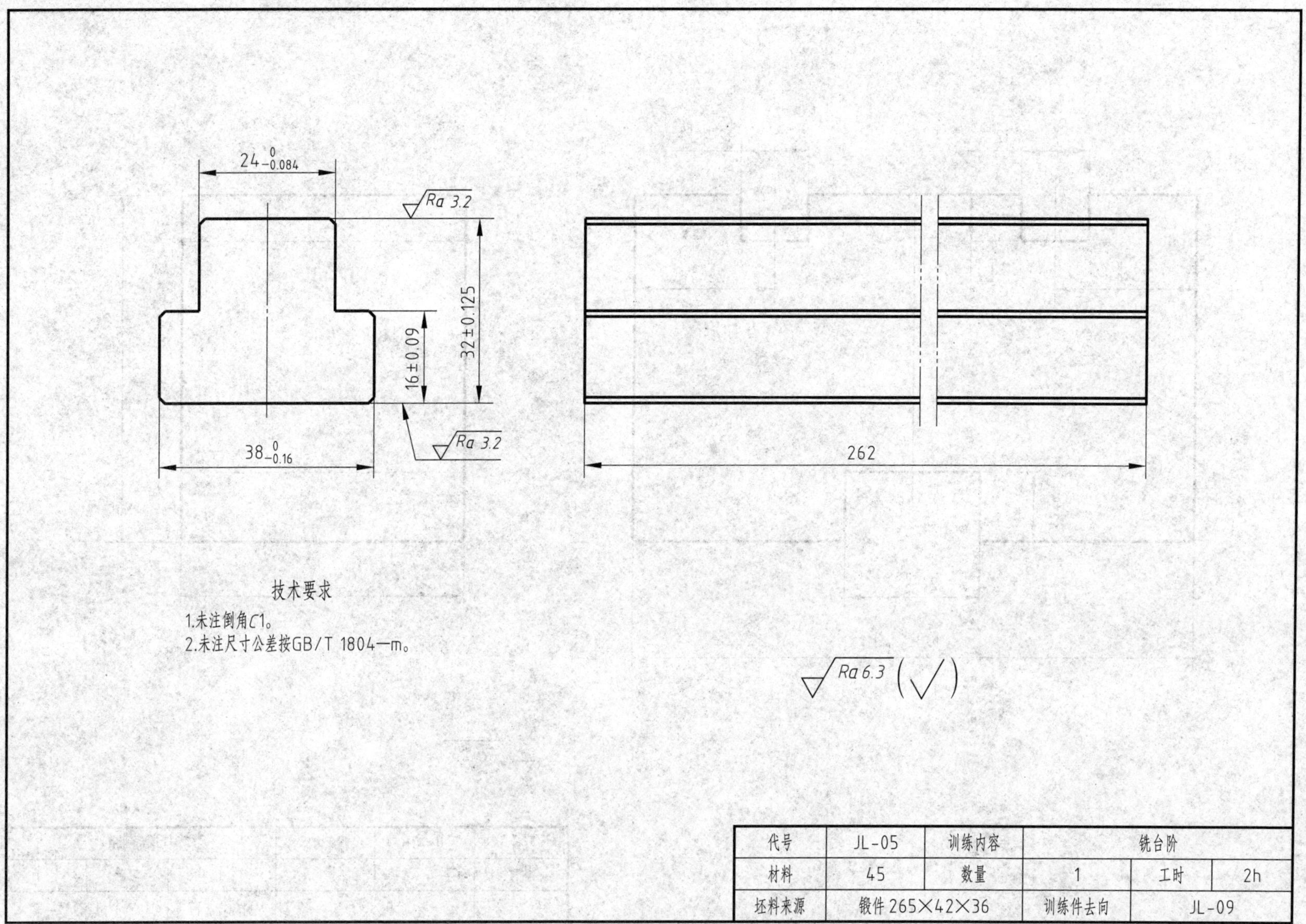

代号	JL-05	训练内容	铣台阶		
材料	45	数量	1	工时	2h
坯料来源	锻件 265×42×36	训练件去向	JL-09		

六、铣直角通槽

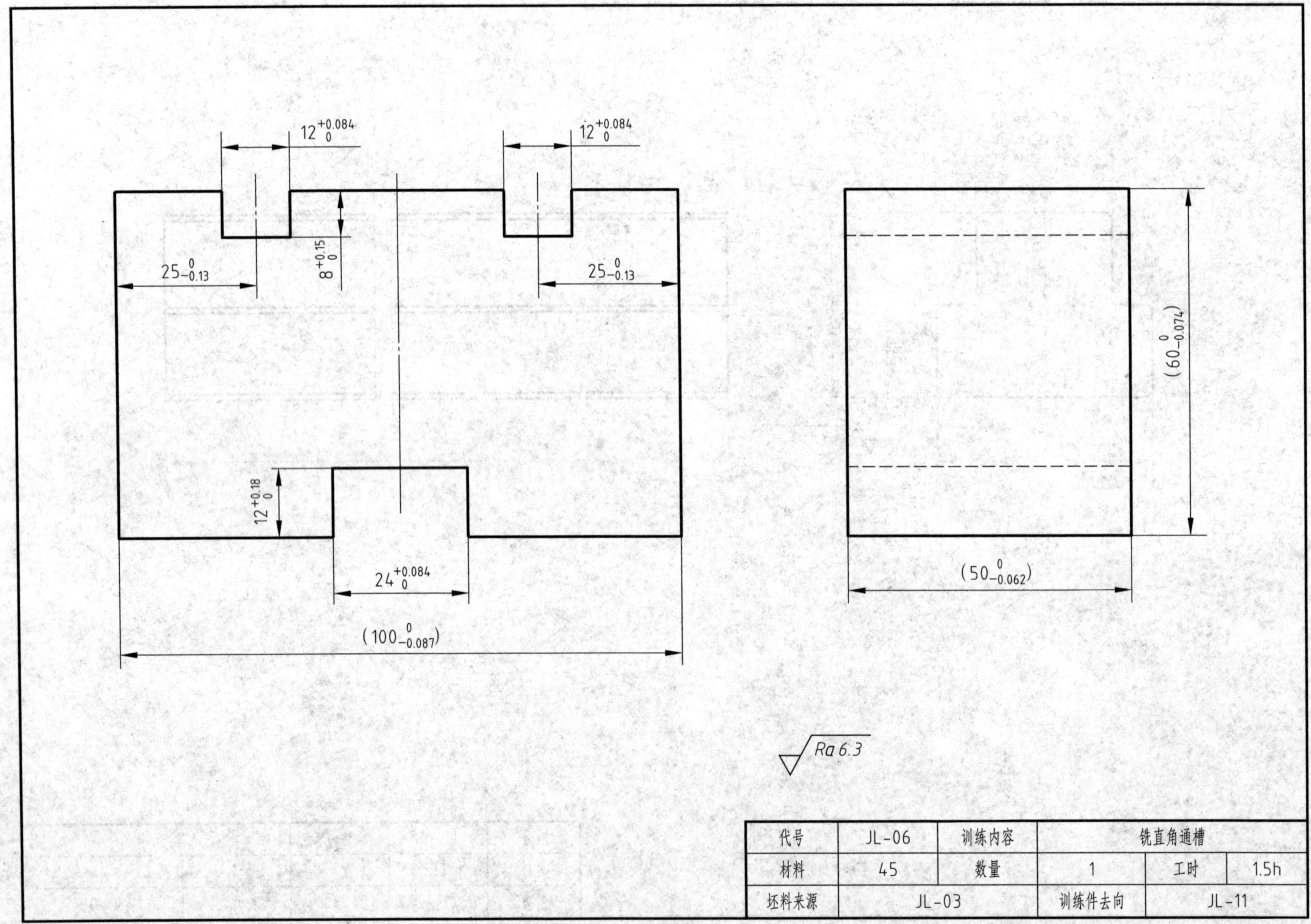

代号	JL-06	训练内容	铣直角通槽		
材料	45	数量	1	工时	1.5h
坯料来源	JL-03		训练件去向	JL-11	

七、铣封闭槽

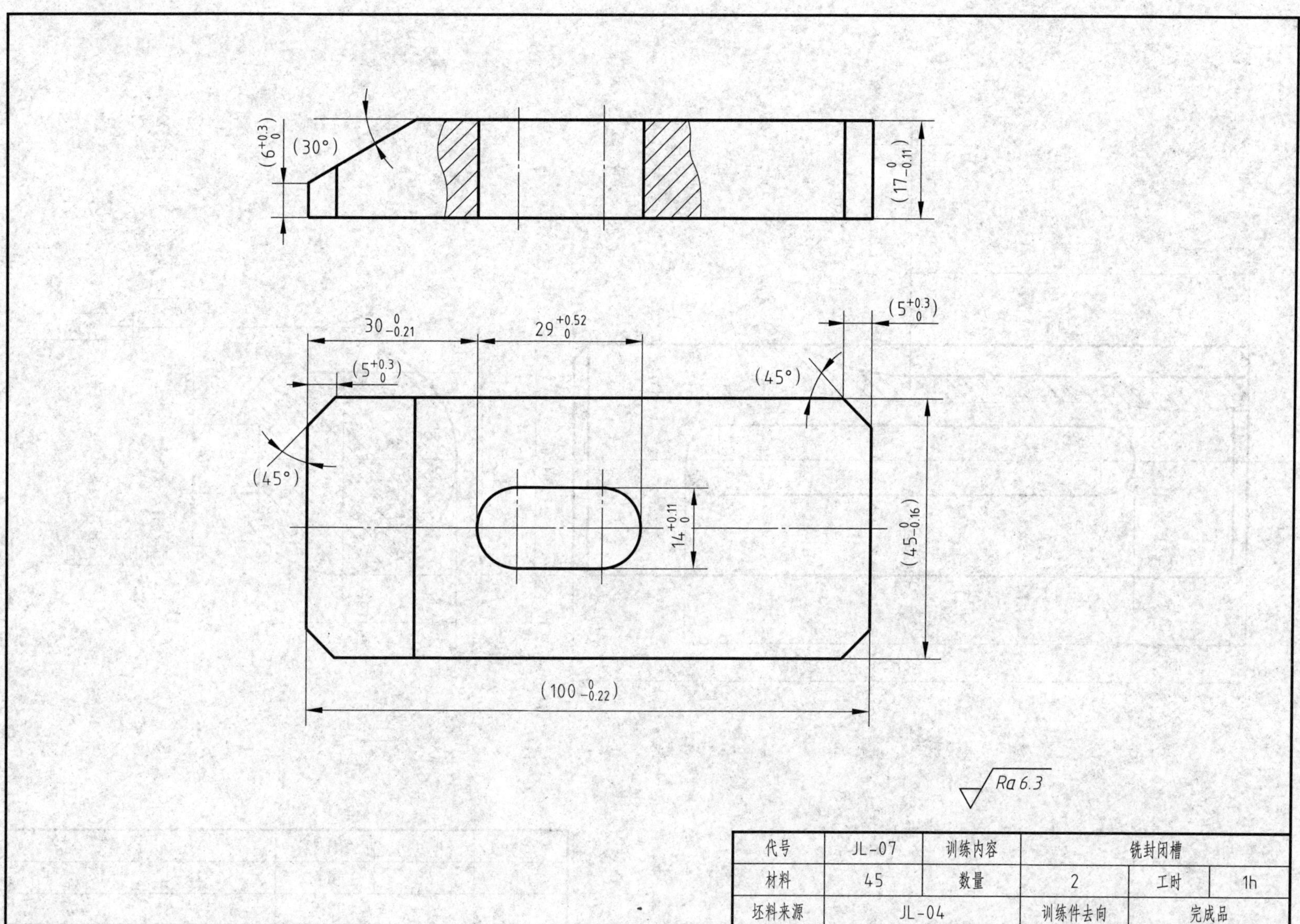

代号	JL-07	训练内容	铣封闭槽		
材料	45	数量	2	工时	1h
坯料来源	JL-04		训练件去向	完成品	

八、铣轴上键槽

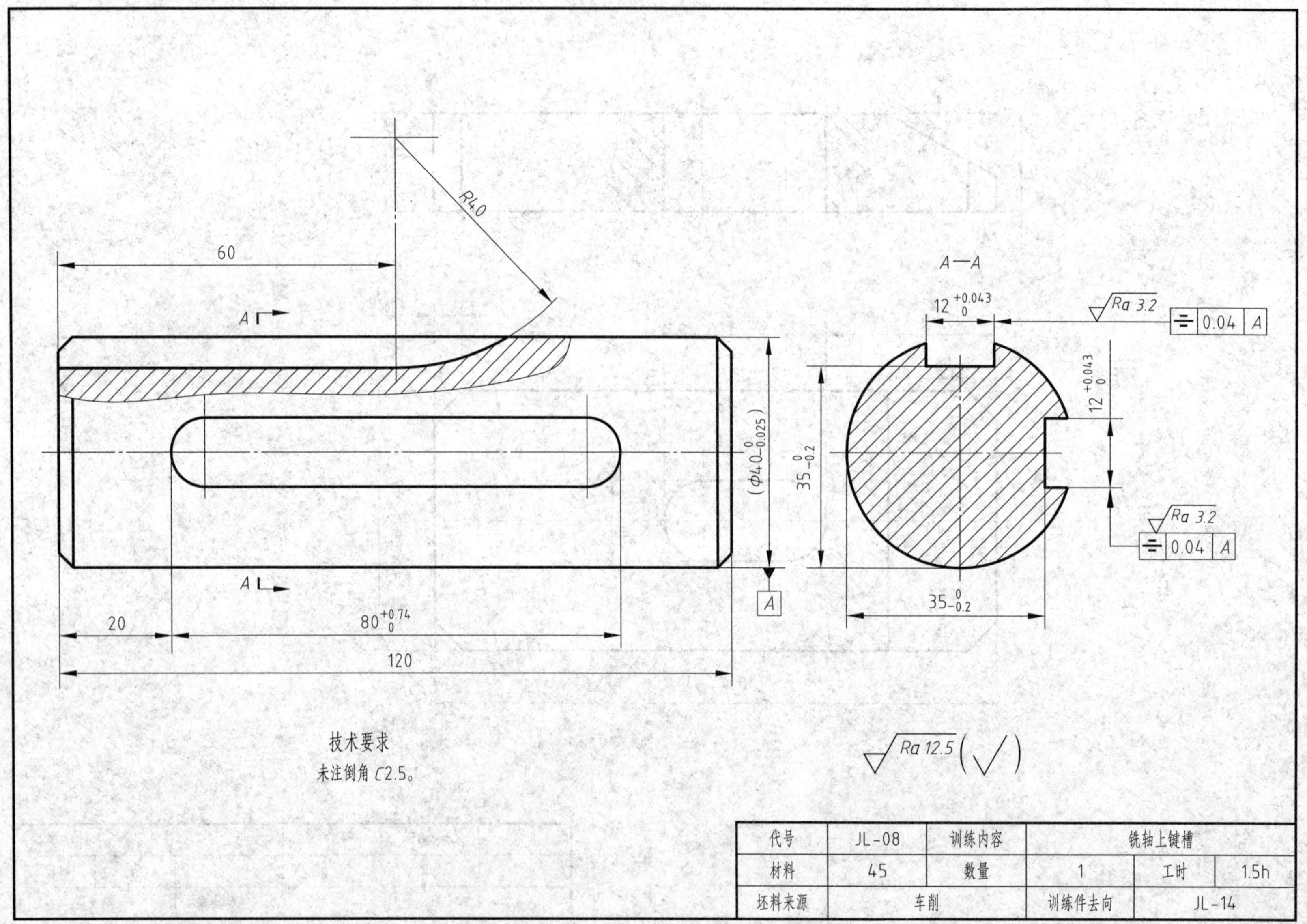

代号	JL-08	训练内容	铣轴上键槽		
材料	45	数量	1	工时	1.5h
坯料来源	车削		训练件去向	JL-14	

九、切断（一）

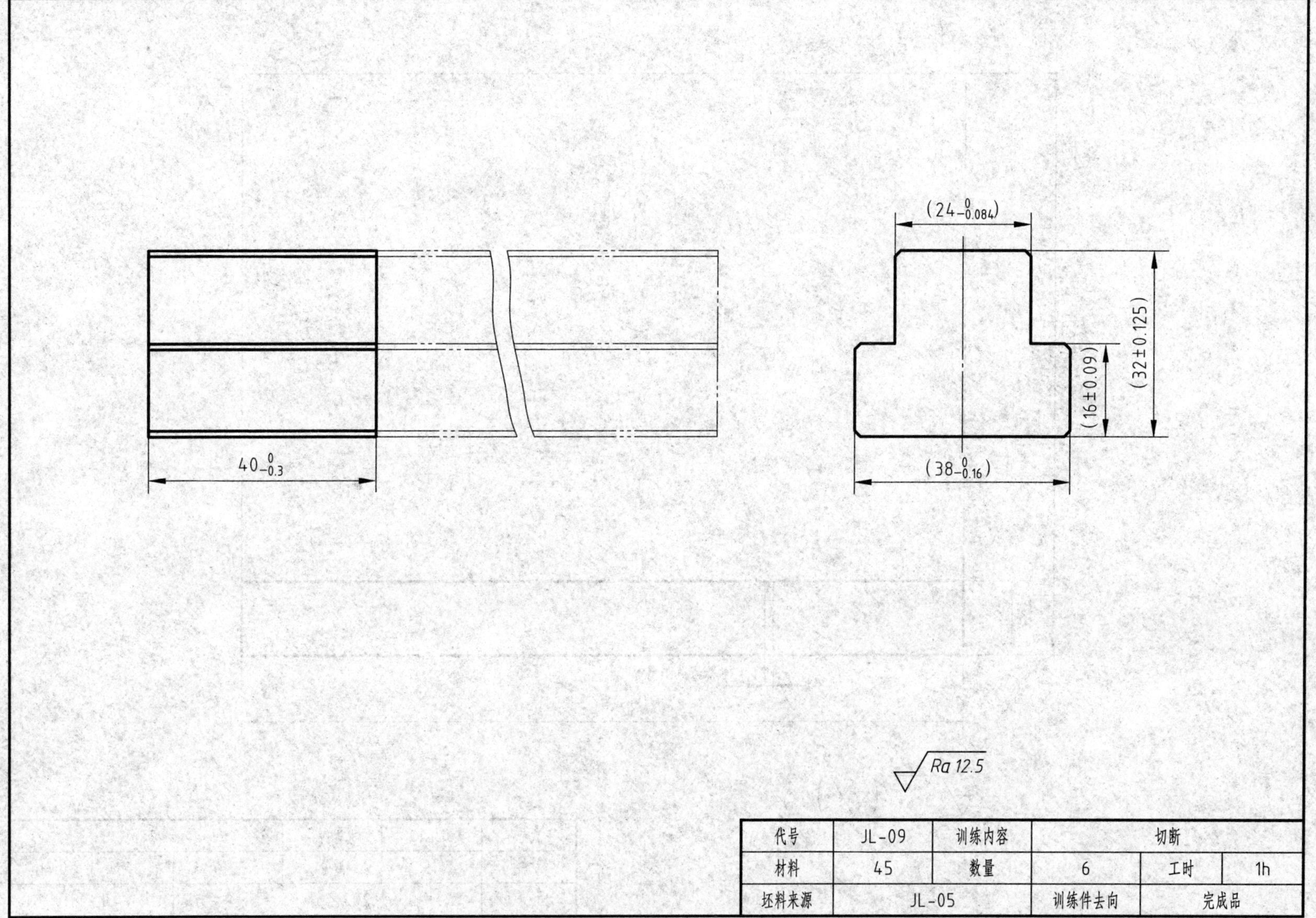

代号	JL-09	训练内容	切断		
材料	45	数量	6	工时	1h
坯料来源	JL-05		训练件去向	完成品	

十、切断（二）

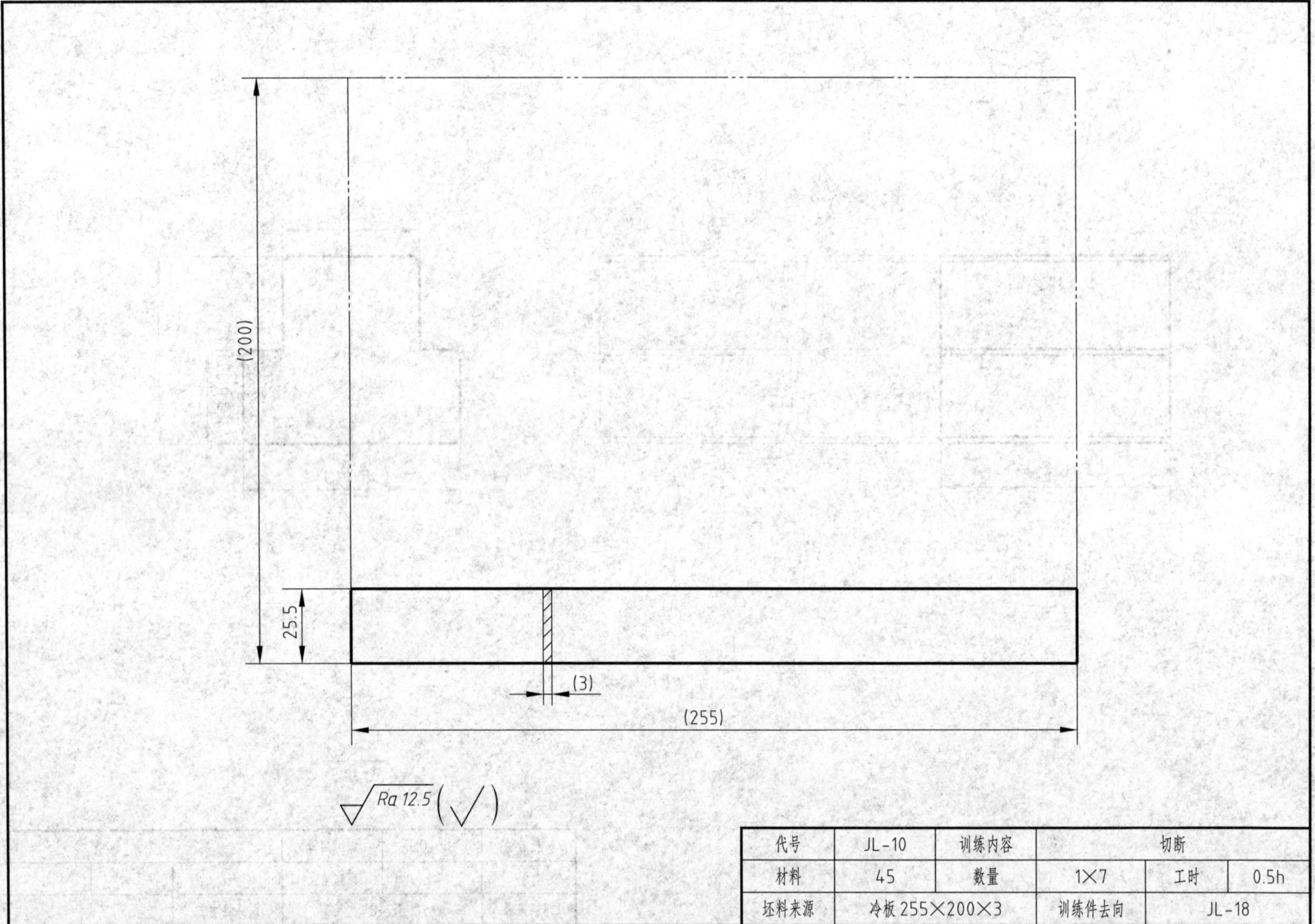

代号	JL-10	训练内容	切断		
材料	45	数量	1×7	工时	0.5h
坯料来源	冷板255×200×3		训练件去向	JL-18	

十一、铣 V 形槽

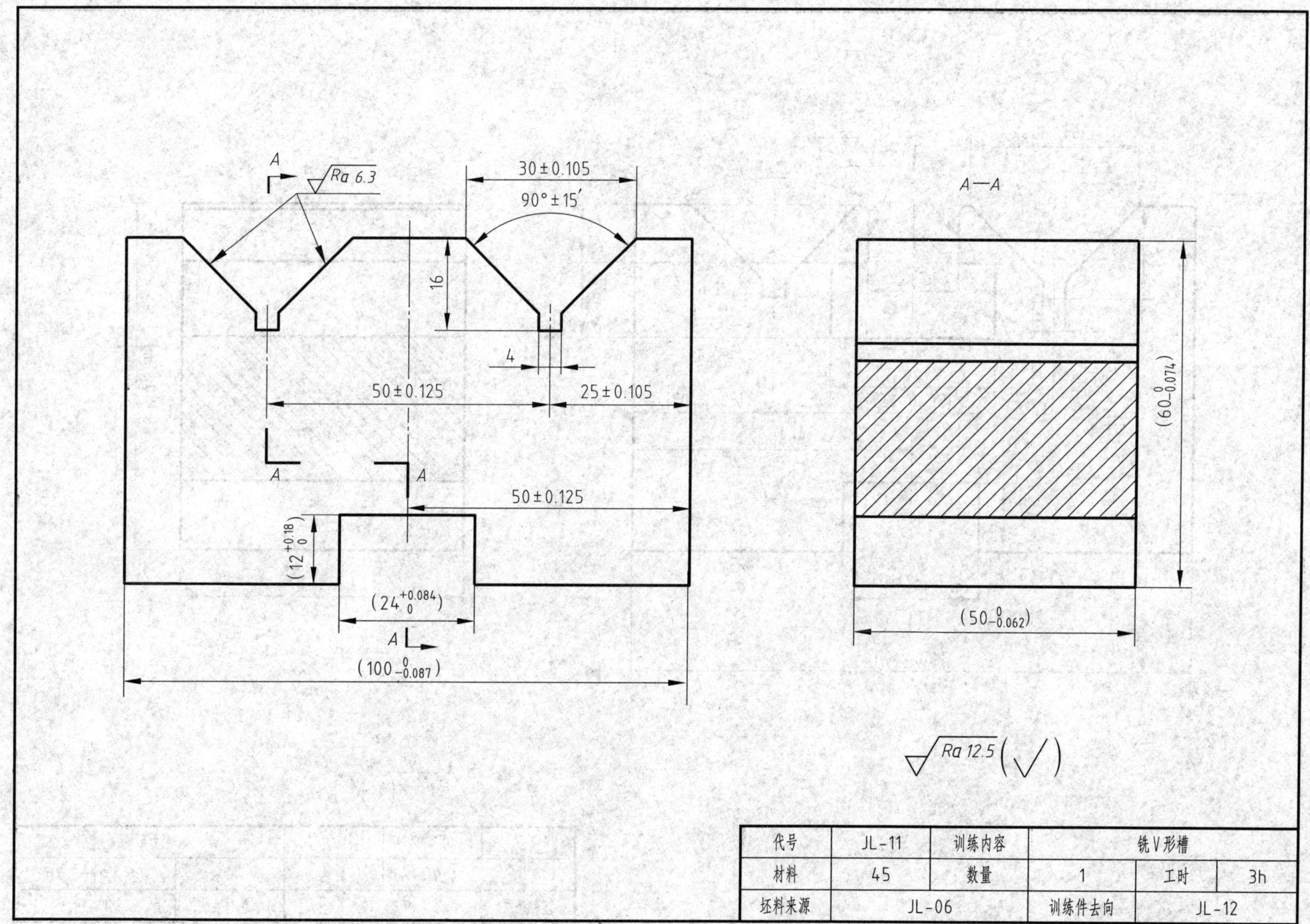

代号	JL-11	训练内容	铣 V 形槽		
材料	45	数量	1	工时	3h
坯料来源	JL-06		训练件去向	JL-12	

十二、铣 T 形槽

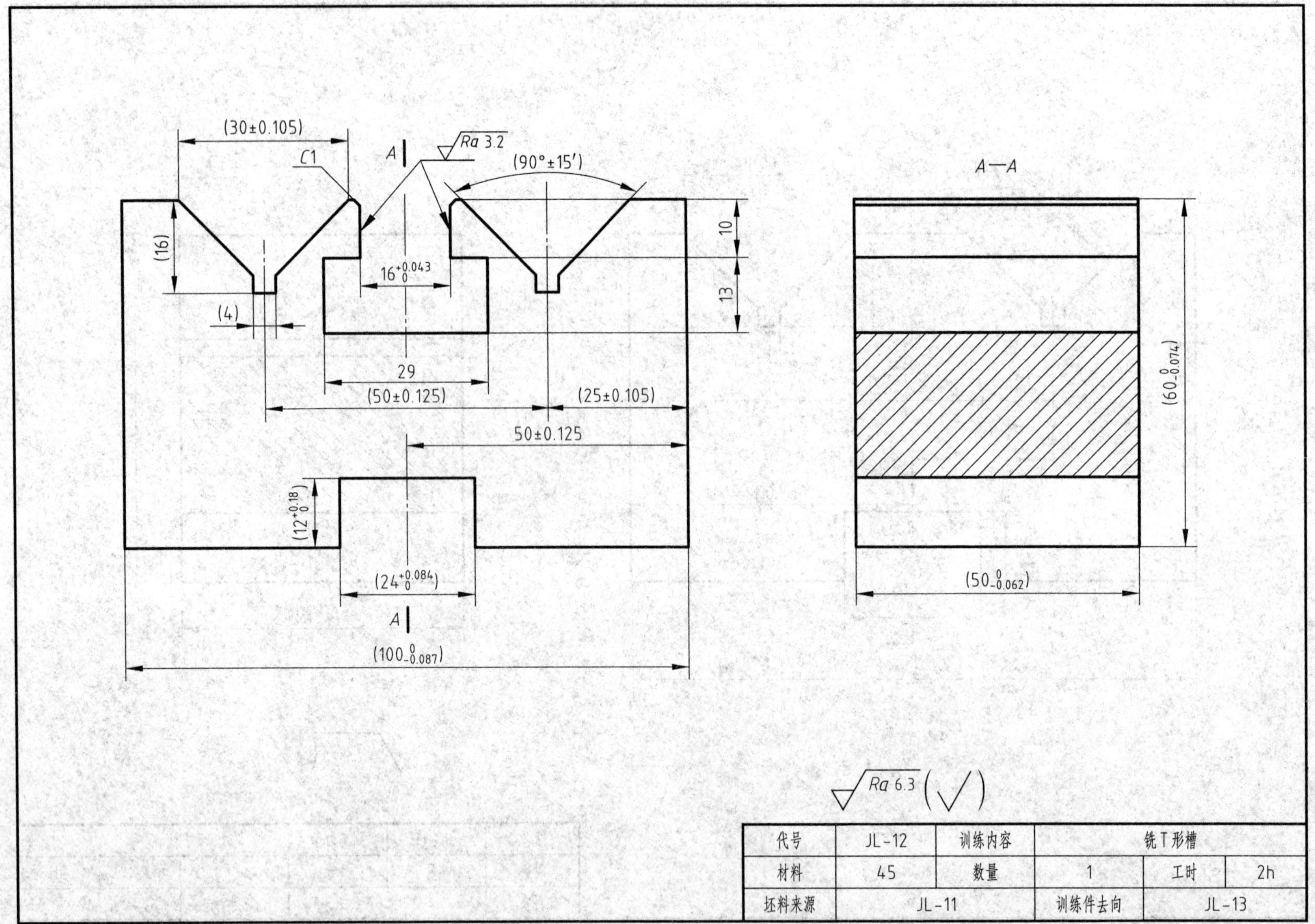

代号	JL-12	训练内容	铣 T 形槽		
材料	45	数量	1	工时	2h
坯料来源	JL-11		训练件去向	JL-13	

十三、铣燕尾槽

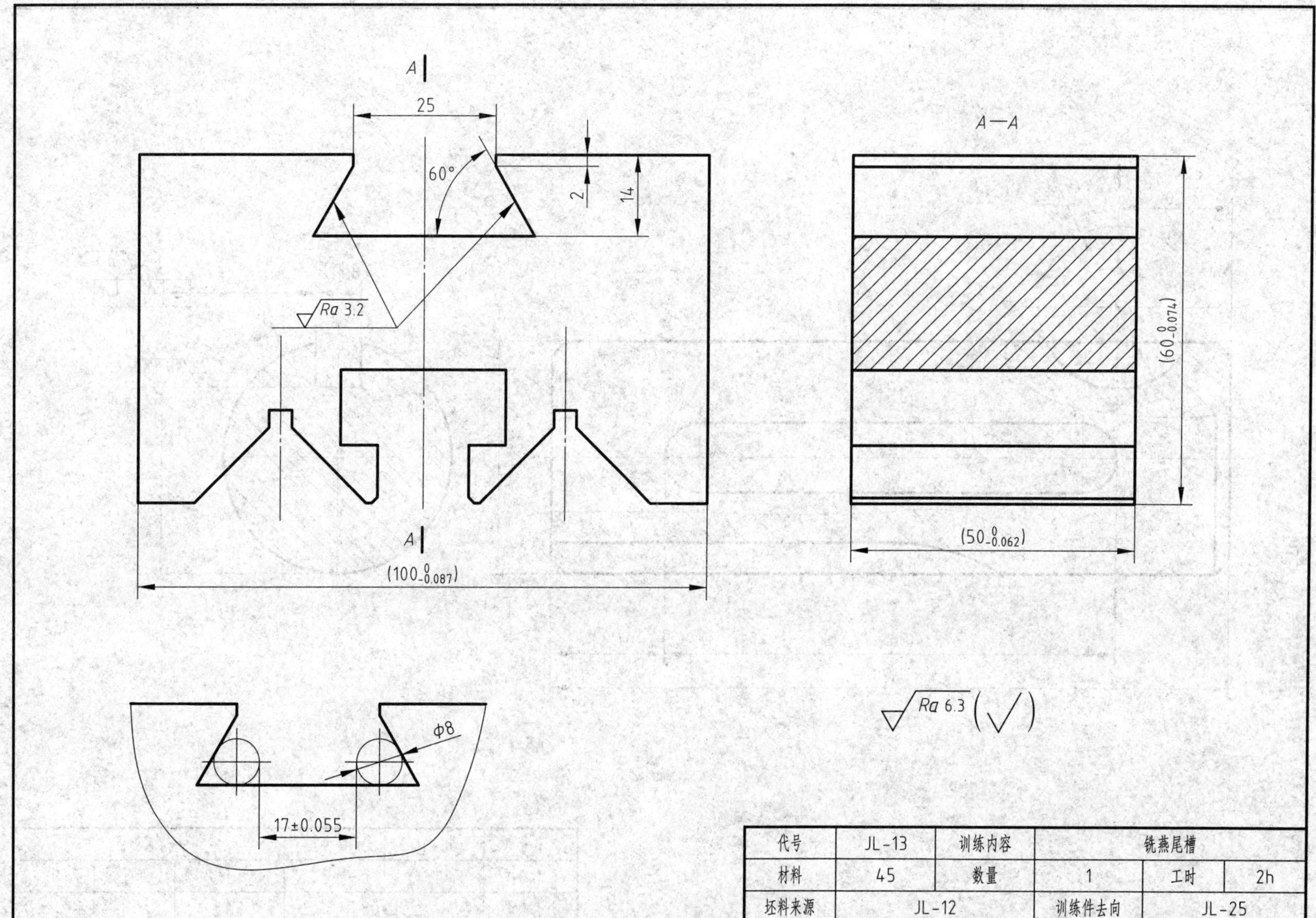

代号	JL-13	训练内容	铣燕尾槽		
材料	45	数量	1	工时	2h
坯料来源	JL-12		训练件去向	JL-25	

十四、铣半圆键槽

A
20
Φ28
A—A
8+0.015 -0.051
Ra 1.6
0.05 A
Ra 1.6
(Φ40 0 -0.025)
32 0 -0.25
A
A
(80+0.74 0)
(20)
(120)
代号
JL-14
训练内容
铣半圆键槽
材料
45
数量
1
工时
1h
坯料来源
JL-08
训练件去向
完成品

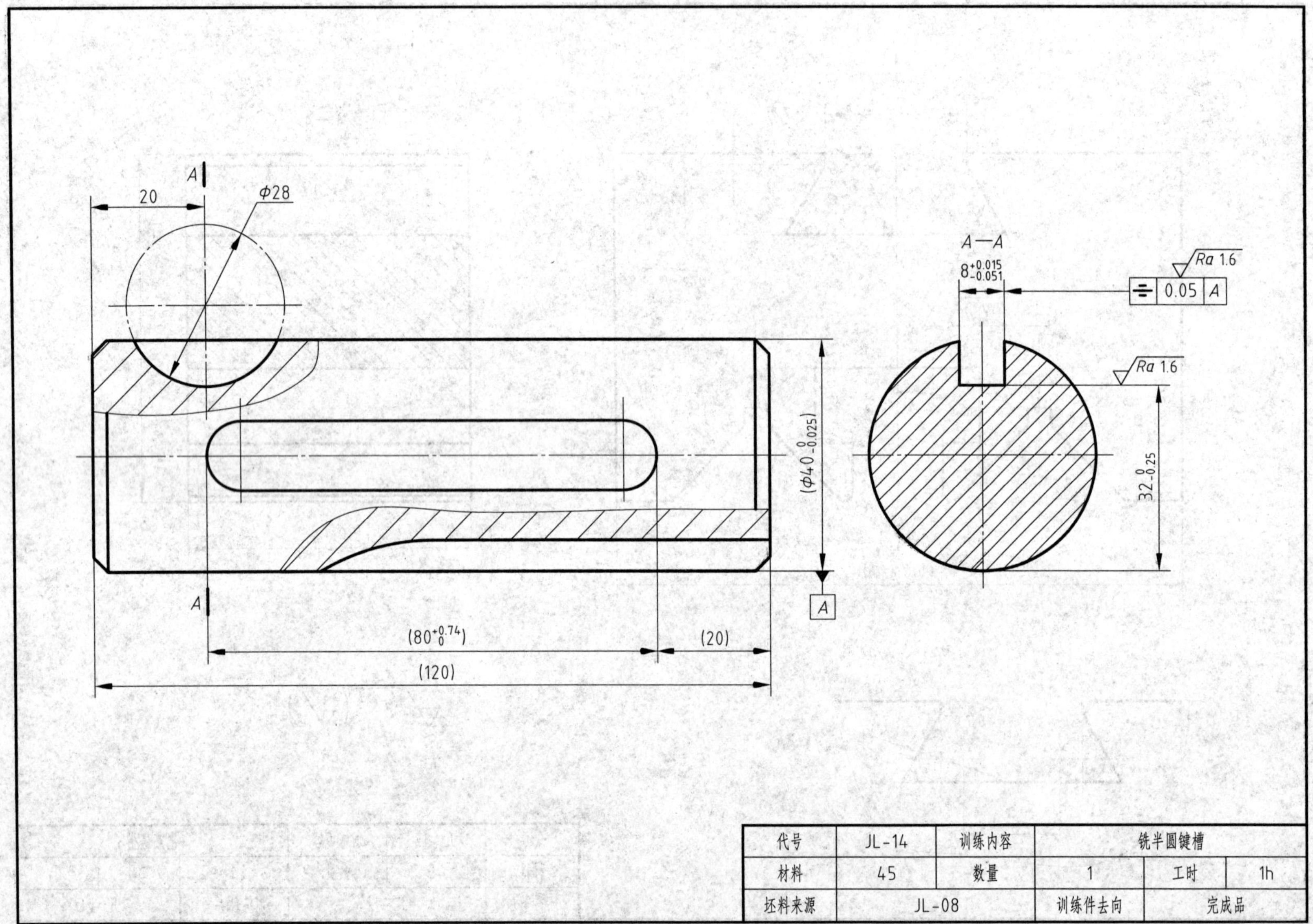

十五、简单分度法

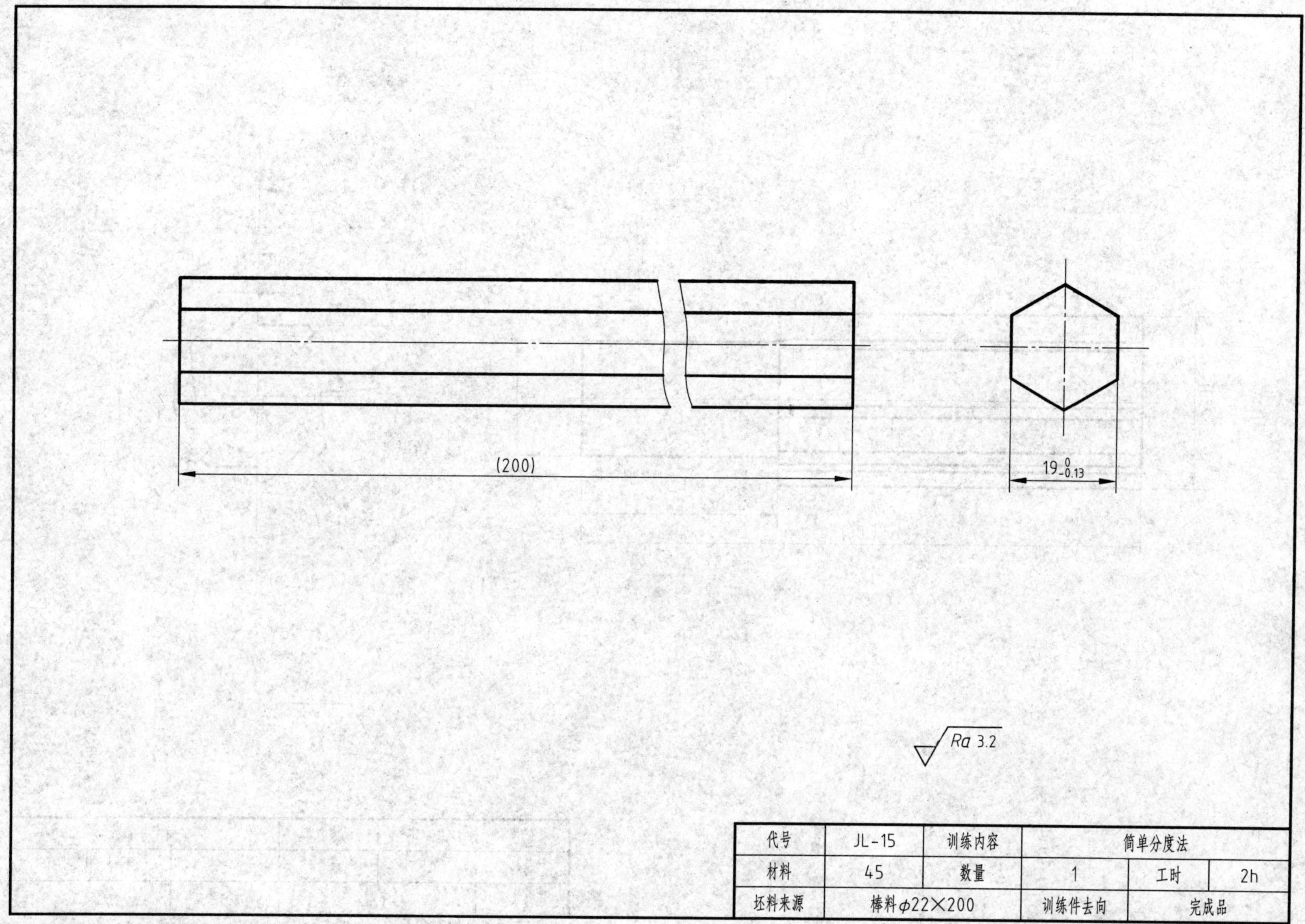

代号	JL-15	训练内容	简单分度法		
材料	45	数量	1	工时	2h
坯料来源	棒料φ22×200		训练件去向	完成品	

十六、角度分度法

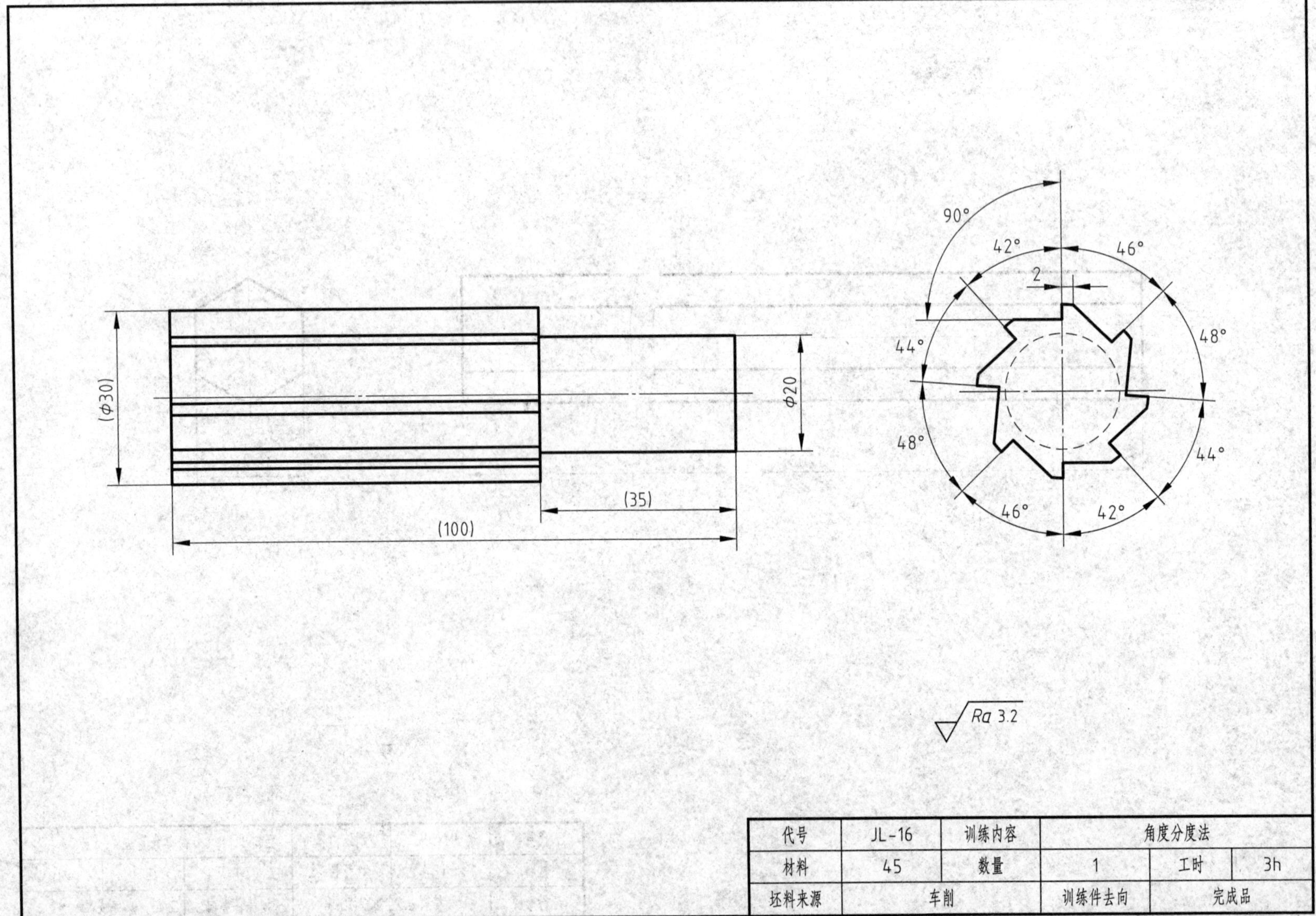

代号	JL-16	训练内容	角度分度法		
材料	45	数量	1	工时	3h
坯料来源	车削		训练件去向	完成品	

十七、差动分度法

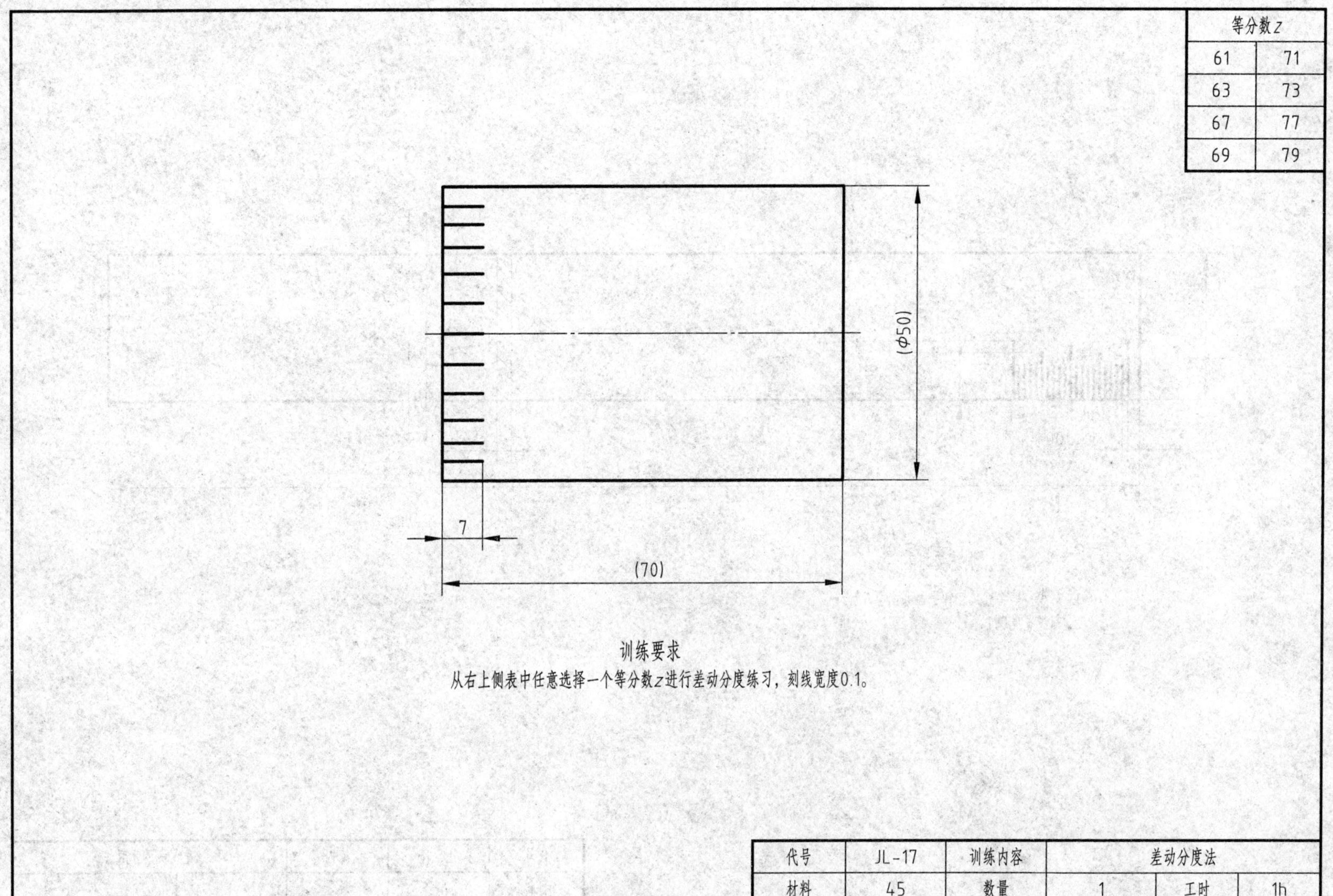

等分数 z	
61	71
63	73
67	77
69	79

训练要求

从右上侧表中任意选择一个等分数 z 进行差动分度练习，刻线宽度0.1。

代号	JL-17	训练内容	差动分度法		
材料	45	数量	1	工时	1h
坯料来源	车削		训练件去向	JL-20	

十八、直线移距分度法

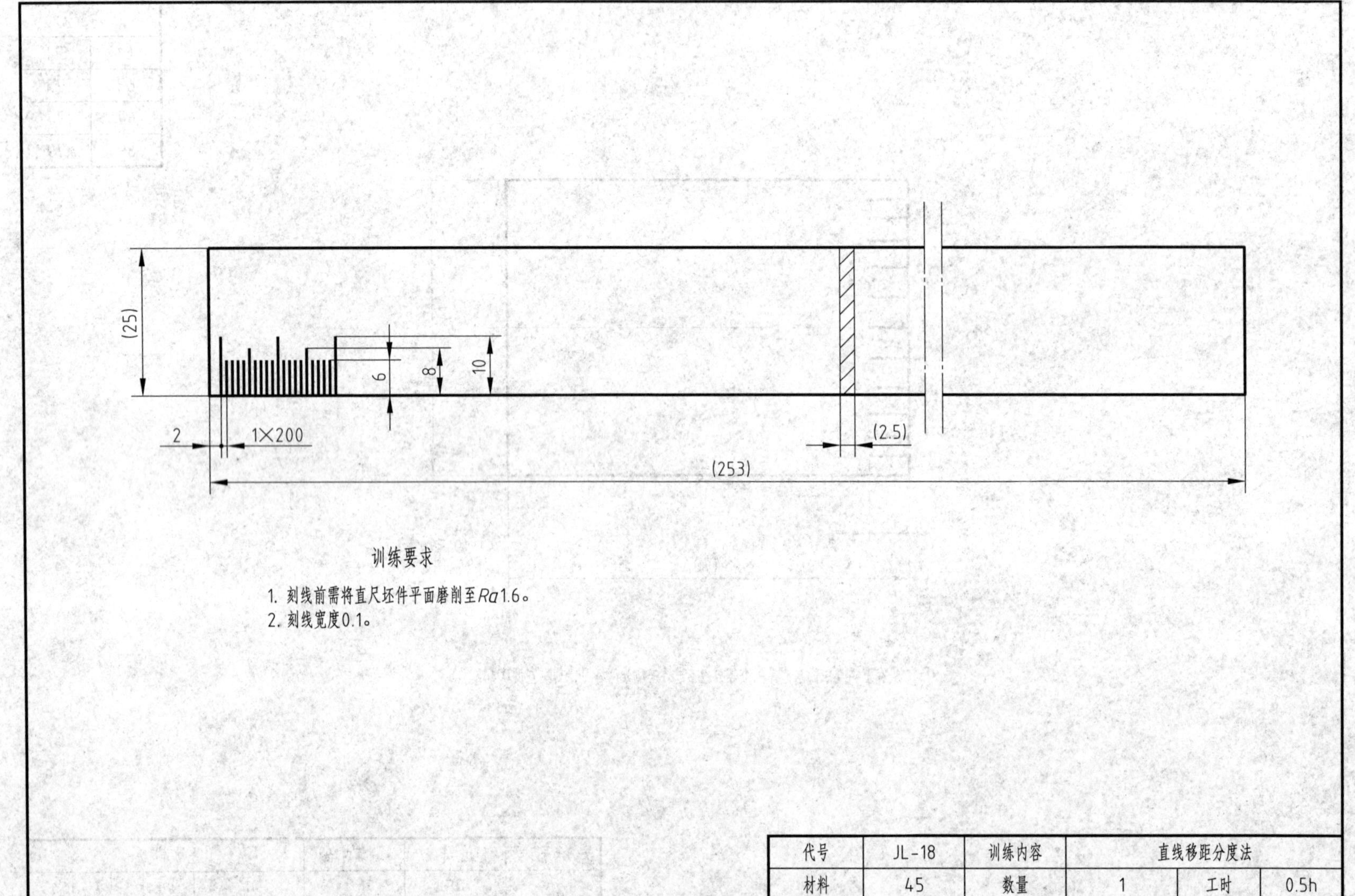

训练要求

1. 刻线前需将直尺坯件平面磨削至$Ra1.6$。
2. 刻线宽度0.1。

代号	JL-18	训练内容	直线移距分度法		
材料	45	数量	1	工时	0.5h
坯料来源	JL-10 磨削		训练件去向	JL-24	

十九、铣矩形齿外花键

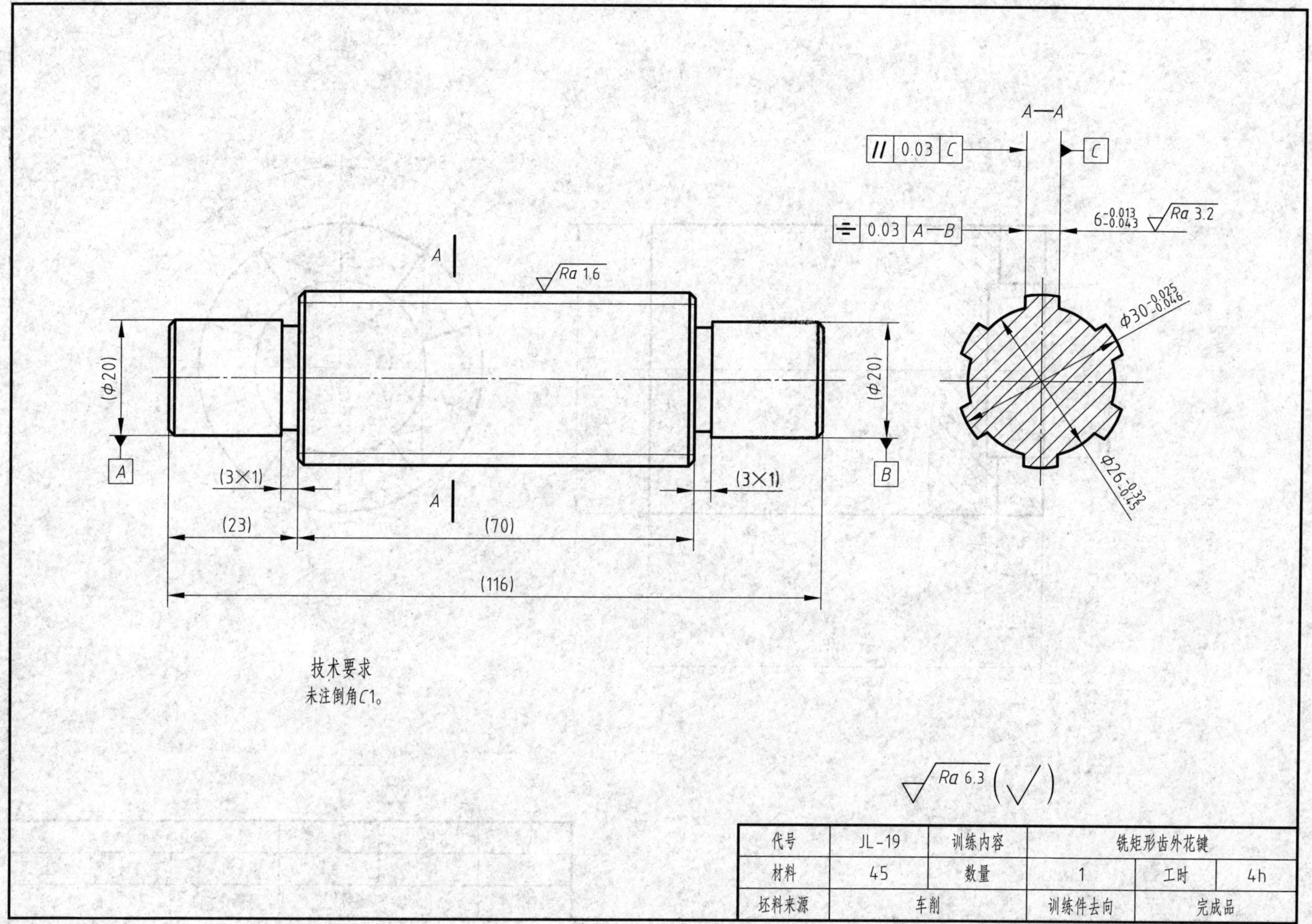

代号	JL-19	训练内容	铣矩形齿外花键		
材料	45	数量	1	工时	4h
坯料来源	车削		训练件去向	完成品	

二十、铣矩形齿离合器

36°$^{+30'}_{0}$
36°$^{0}_{-30'}$
φ30
(φ50)
8
(10)
(70)
Ra 3.2
代号
JL-20
训练内容
铣矩形齿离合器
材料
45
数量
1
工时
2h
坯料来源
JL-17 改制
训练件去向
JL-21

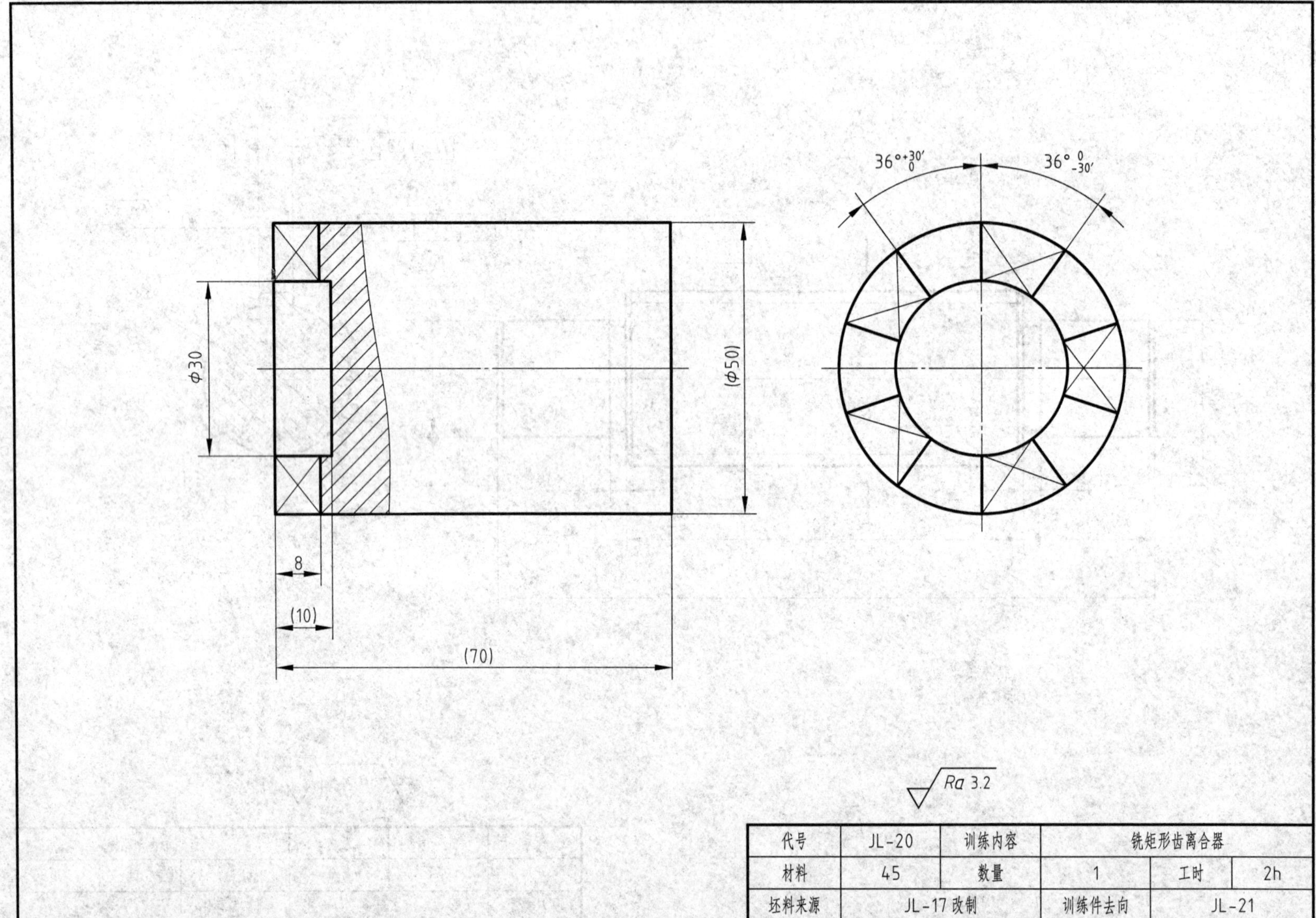

二十一、铣梯形收缩齿离合器

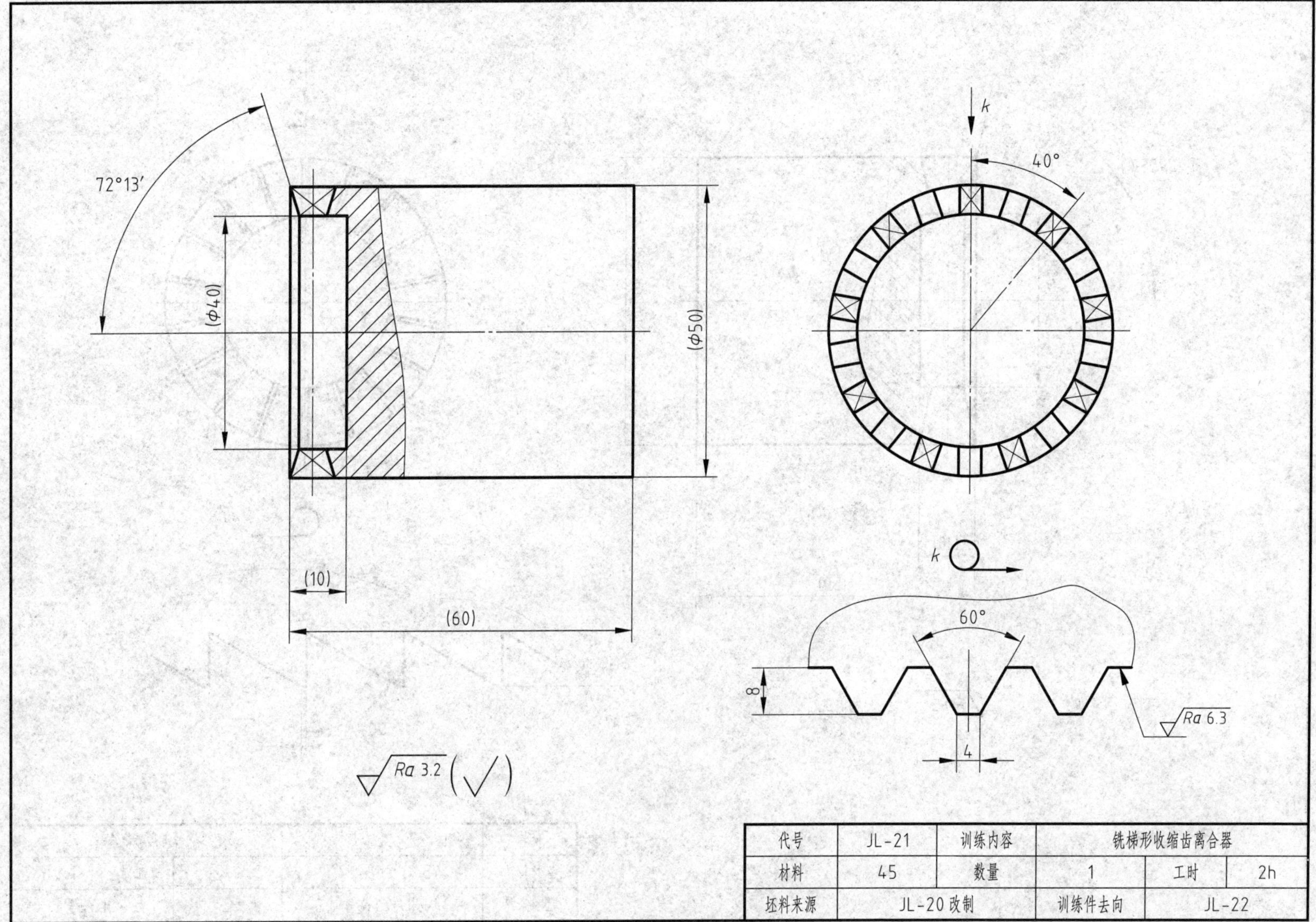

代号	JL-21	训练内容	铣梯形收缩齿离合器		
材料	45	数量	1	工时	2h
坯料来源	JL-20 改制		训练件去向	JL-22	

二十二、铣锯齿形齿离合器

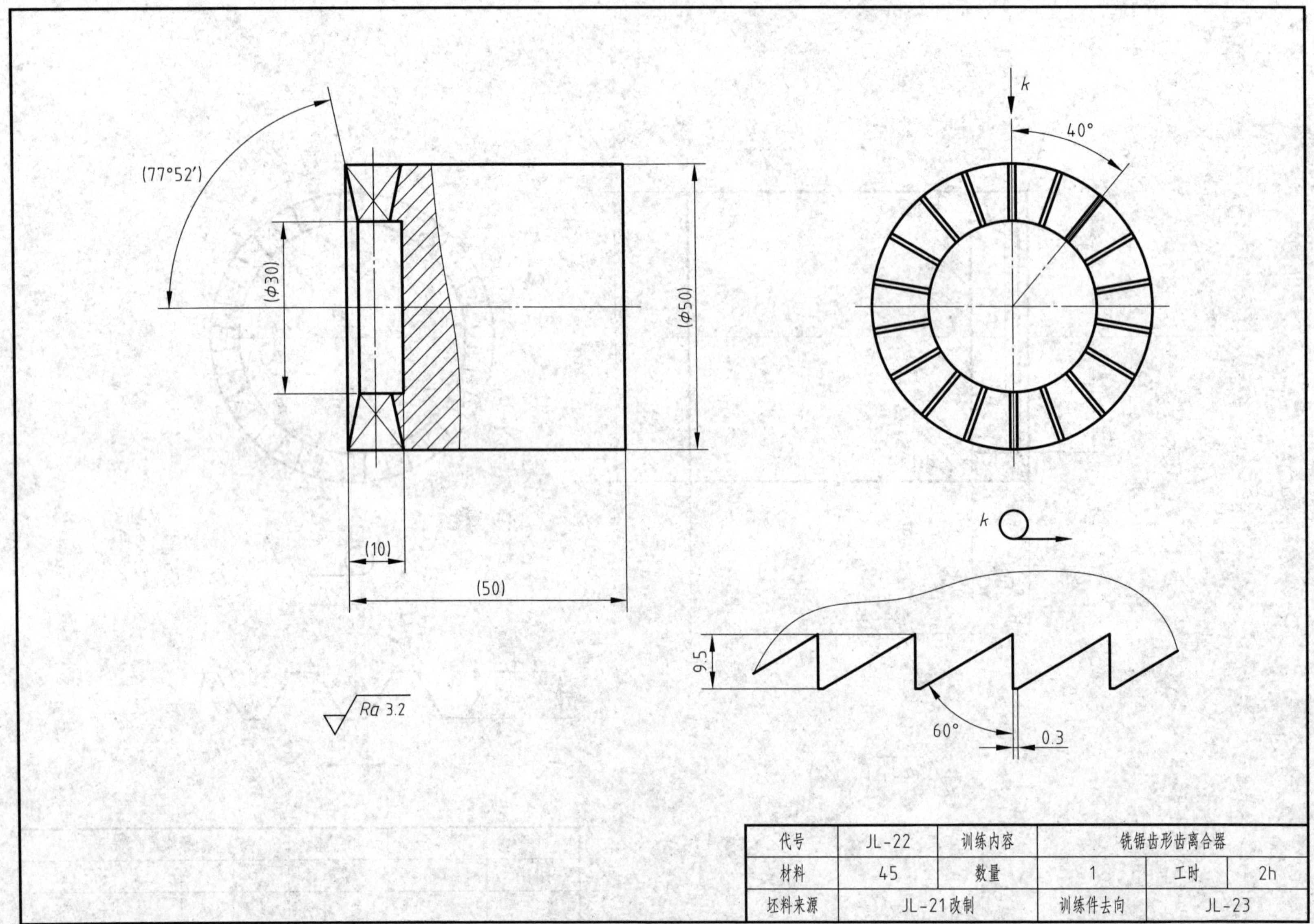

代号	JL-22	训练内容	铣锯齿形齿离合器		
材料	45	数量	1	工时	2h
坯料来源	JL-21改制	训练件去向	JL-23		

二十三、铣梯形等高齿离合器

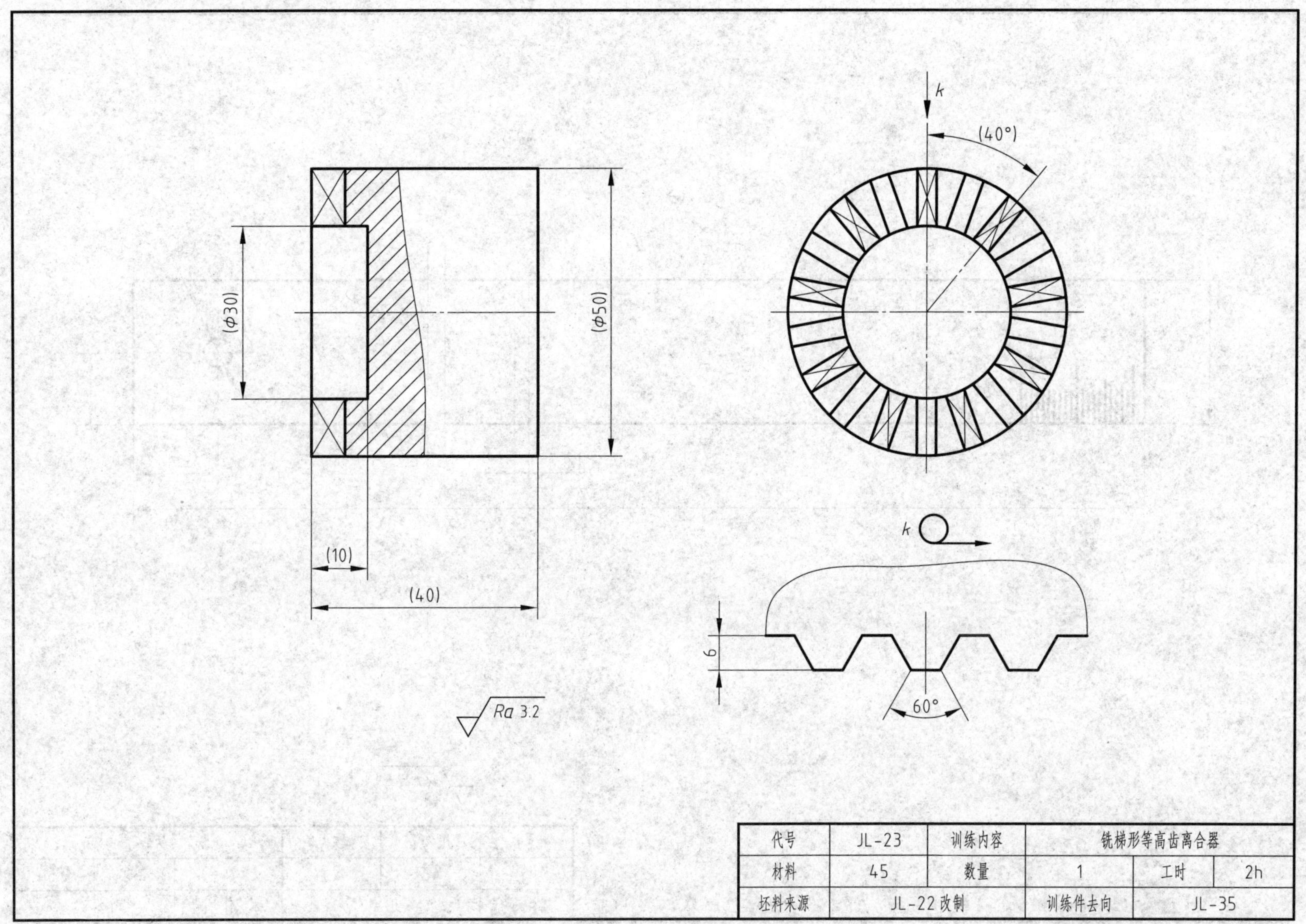

代号	JL-23	训练内容	铣梯形等高齿离合器		
材料	45	数量	1	工时	2h
坯料来源	JL-22 改制		训练件去向	JL-35	

二十四、钻单孔

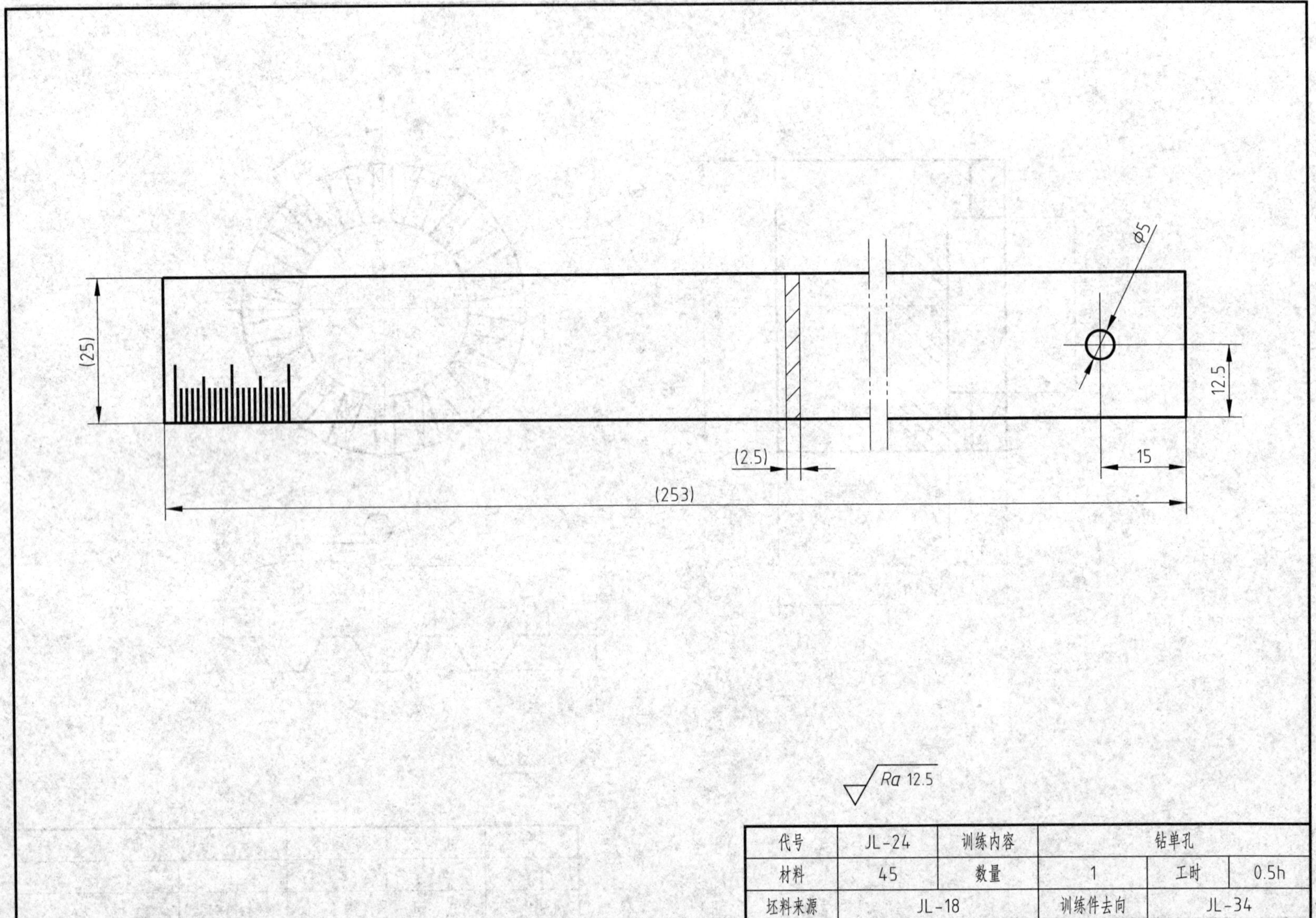

代号	JL-24	训练内容	钻单孔		
材料	45	数量	1	工时	0.5h
坯料来源	JL-18		训练件去向	JL-34	

二十五、钻双孔

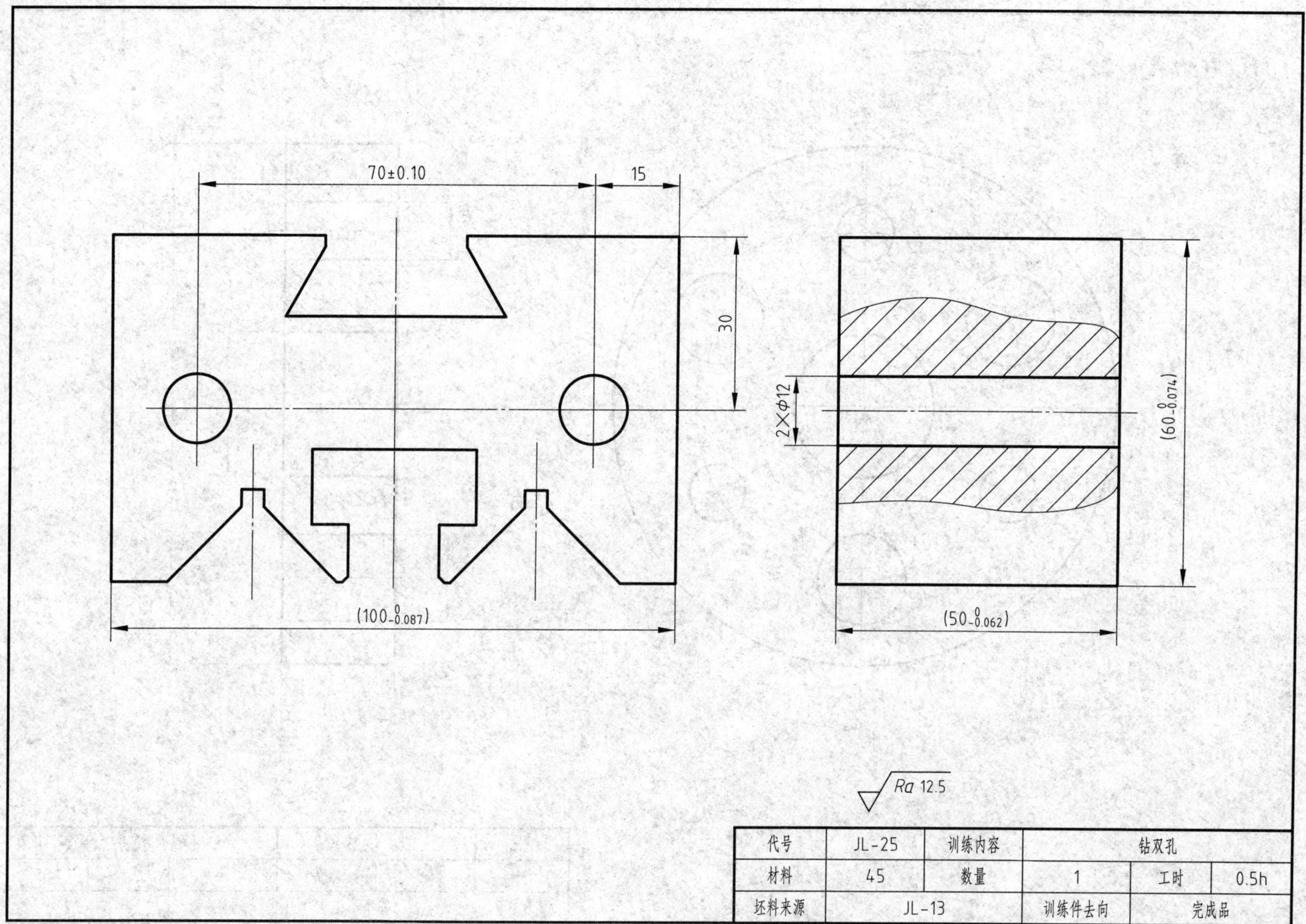

代号	JL-25	训练内容	钻双孔		
材料	45	数量	1	工时	0.5h
坯料来源	JL-13		训练件去向	完成品	

二十六、钻圆周等分孔

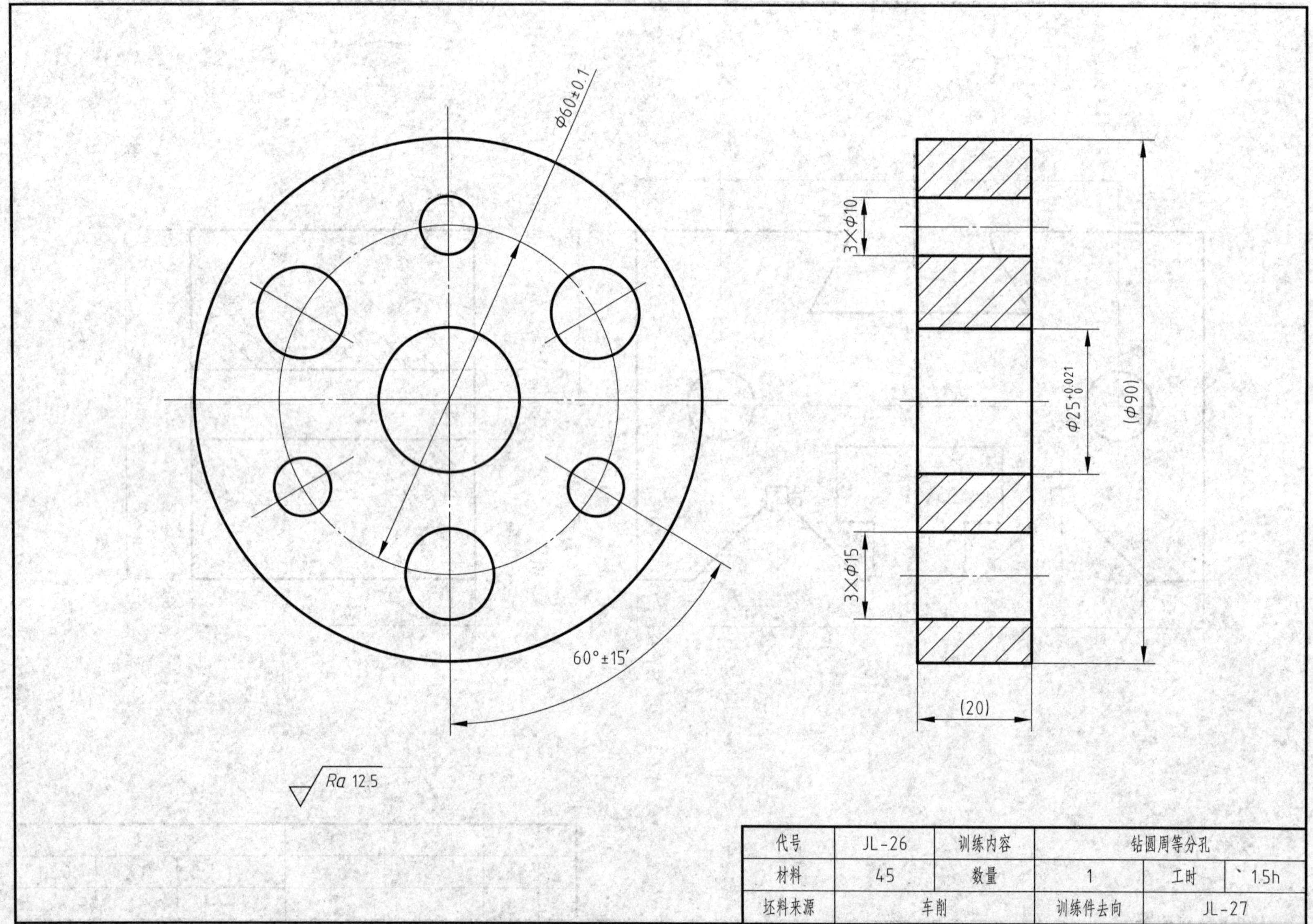

代号	JL-26	训练内容	钻圆周等分孔		
材料	45	数量	1	工时	` 1.5h
坯料来源	车削		训练件去向	JL-27	

二十七、扩铰分度孔

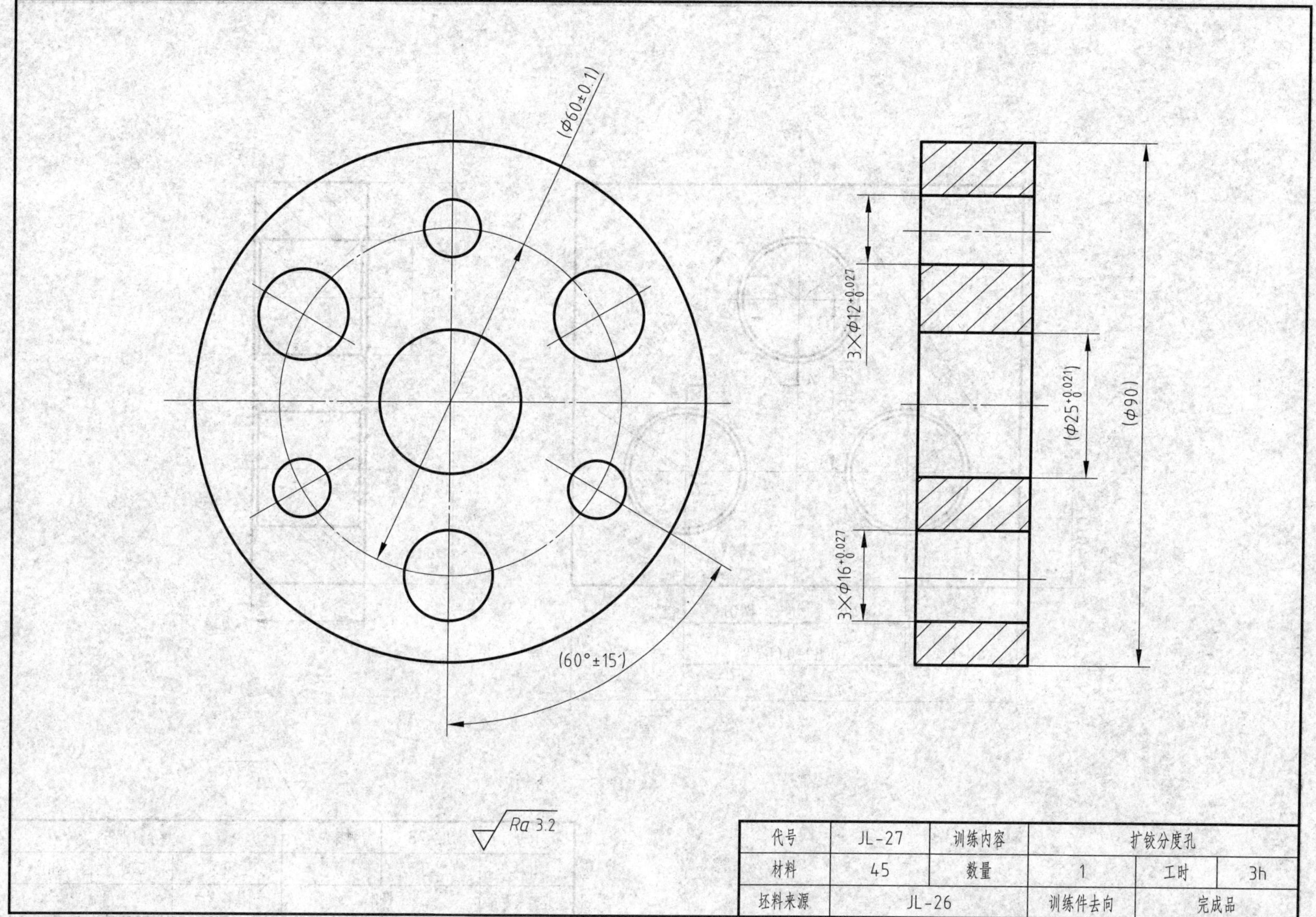

代号	JL-27	训练内容	扩铰分度孔		
材料	45	数量	1	工时	3h
坯料来源	JL-26		训练件去向	完成品	

二十八、镗坐标孔

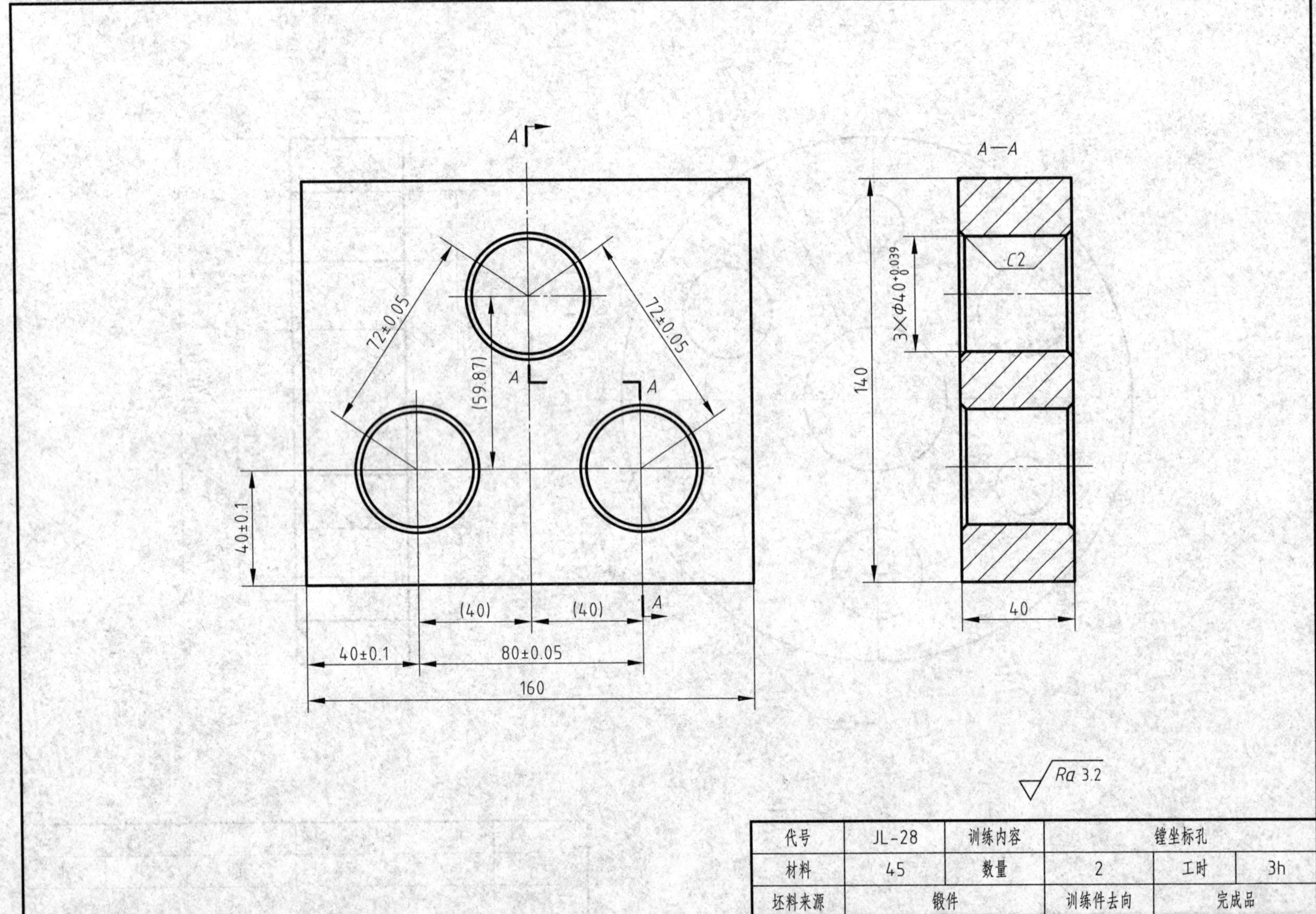

代号	JL-28	训练内容	镗坐标孔		
材料	45	数量	2	工时	3h
坯料来源	锻件		训练件去向	完成品	

二十九、双手进给铣曲面

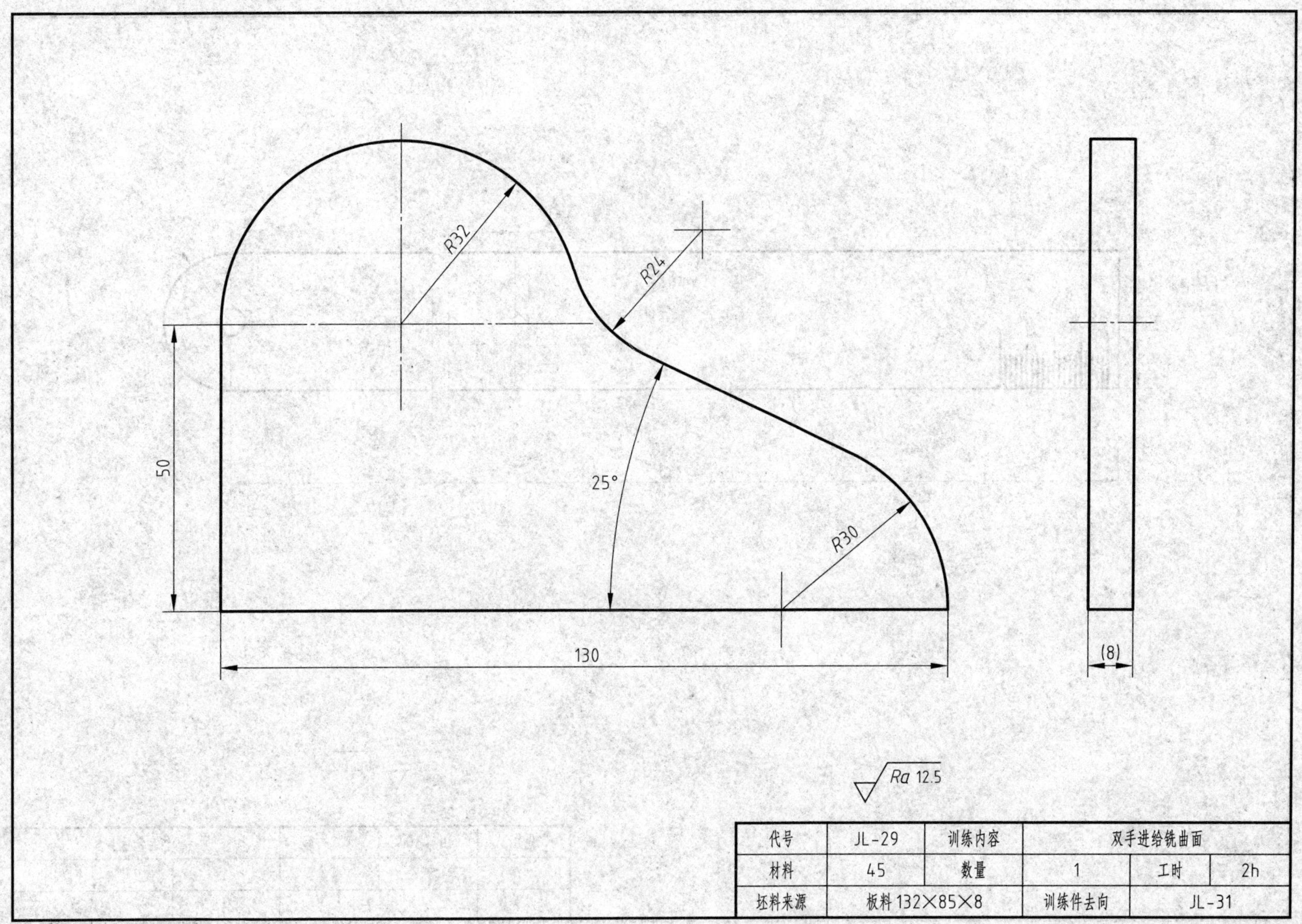

代号	JL-29	训练内容	双手进给铣曲面		
材料	45	数量	1	工时	2h
坯料来源	板料 132×85×8		训练件去向	JL-31	

三十、回转工作台铣半圆曲面

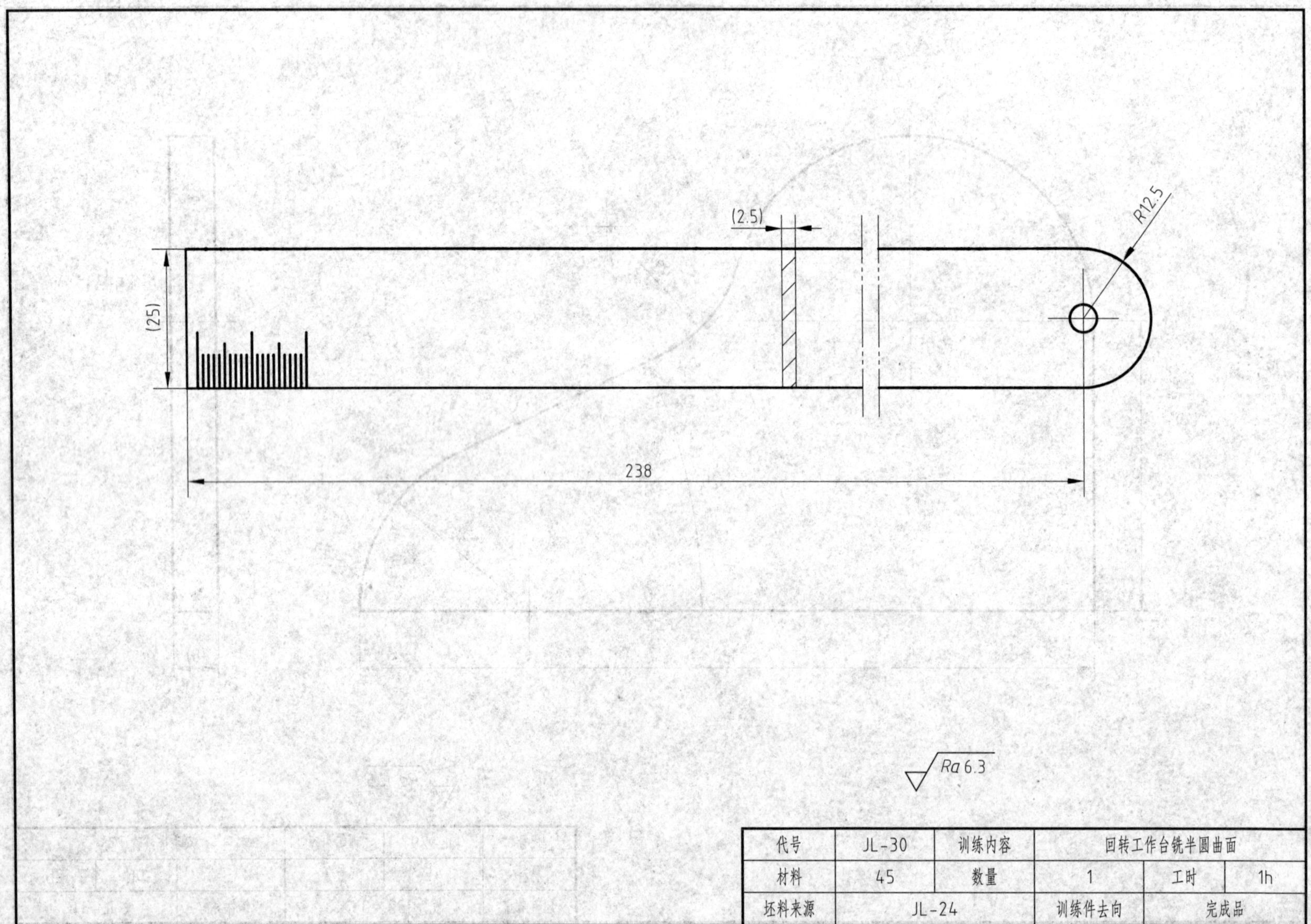

代号	JL-30	训练内容	回转工作台铣半圆曲面		
材料	45	数量	1	工时	1h
坯料来源	JL-24		训练件去向	完成品	

三十一、回转工作台铣曲面

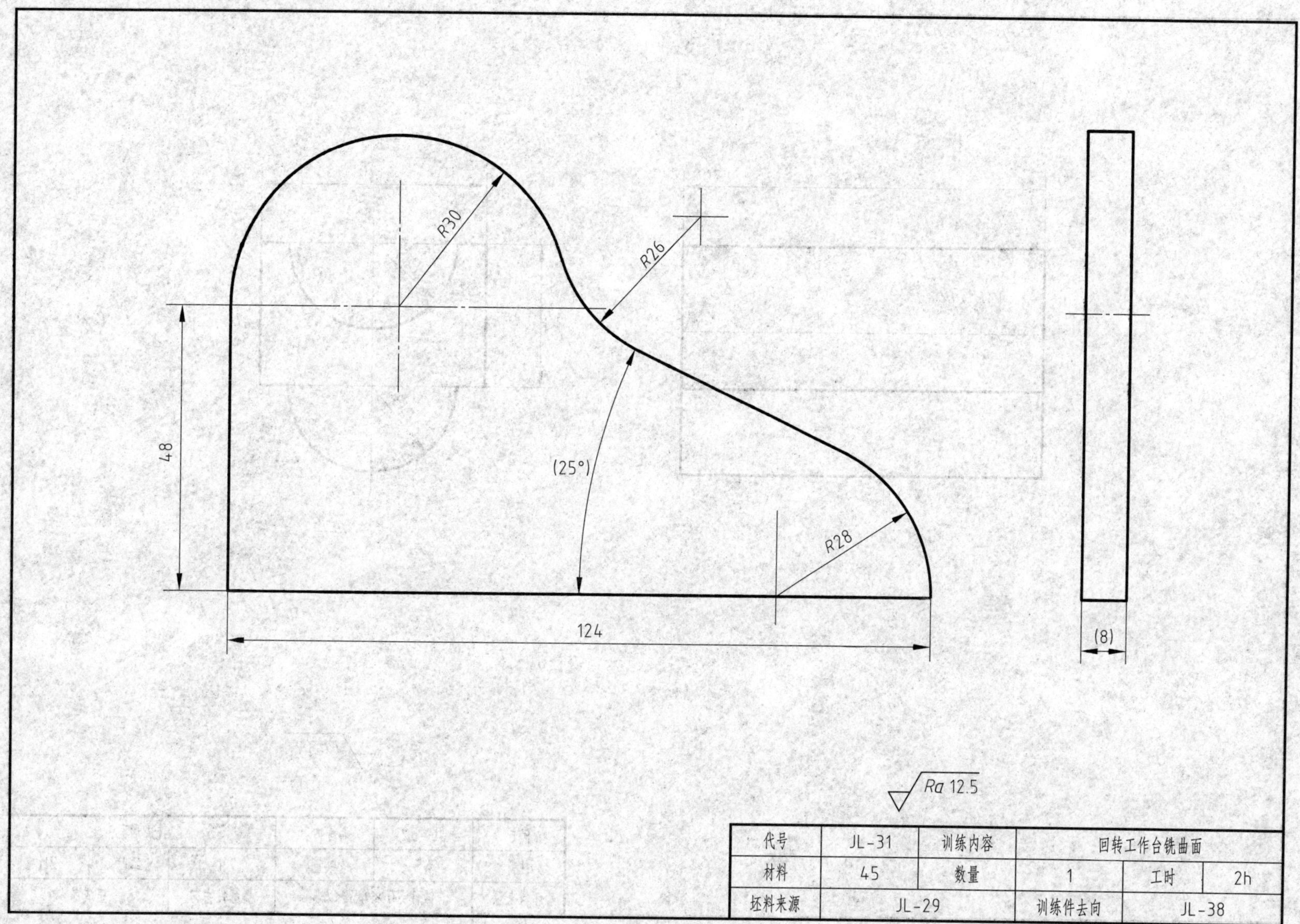

代号	JL-31	训练内容	回转工作台铣曲面		
材料	45	数量	1	工时	2h
坯料来源	JL-29		训练件去向	JL-38	

三十二、铣成形面

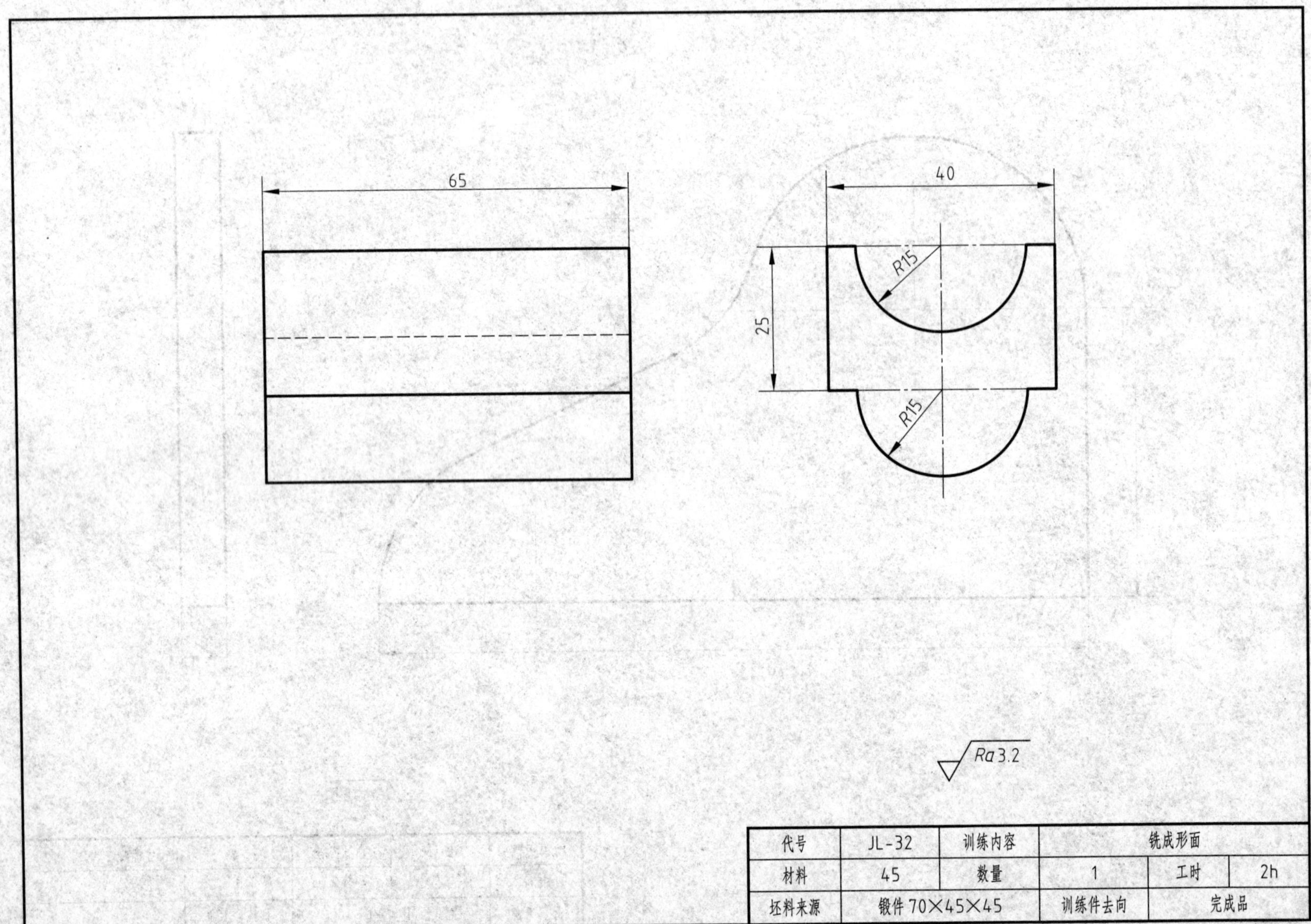

代号	JL-32	训练内容	铣成形面		
材料	45	数量	1	工时	2h
坯料来源	锻件 70×45×45		训练件去向	完成品	

三十三、铣等直径双柄球面

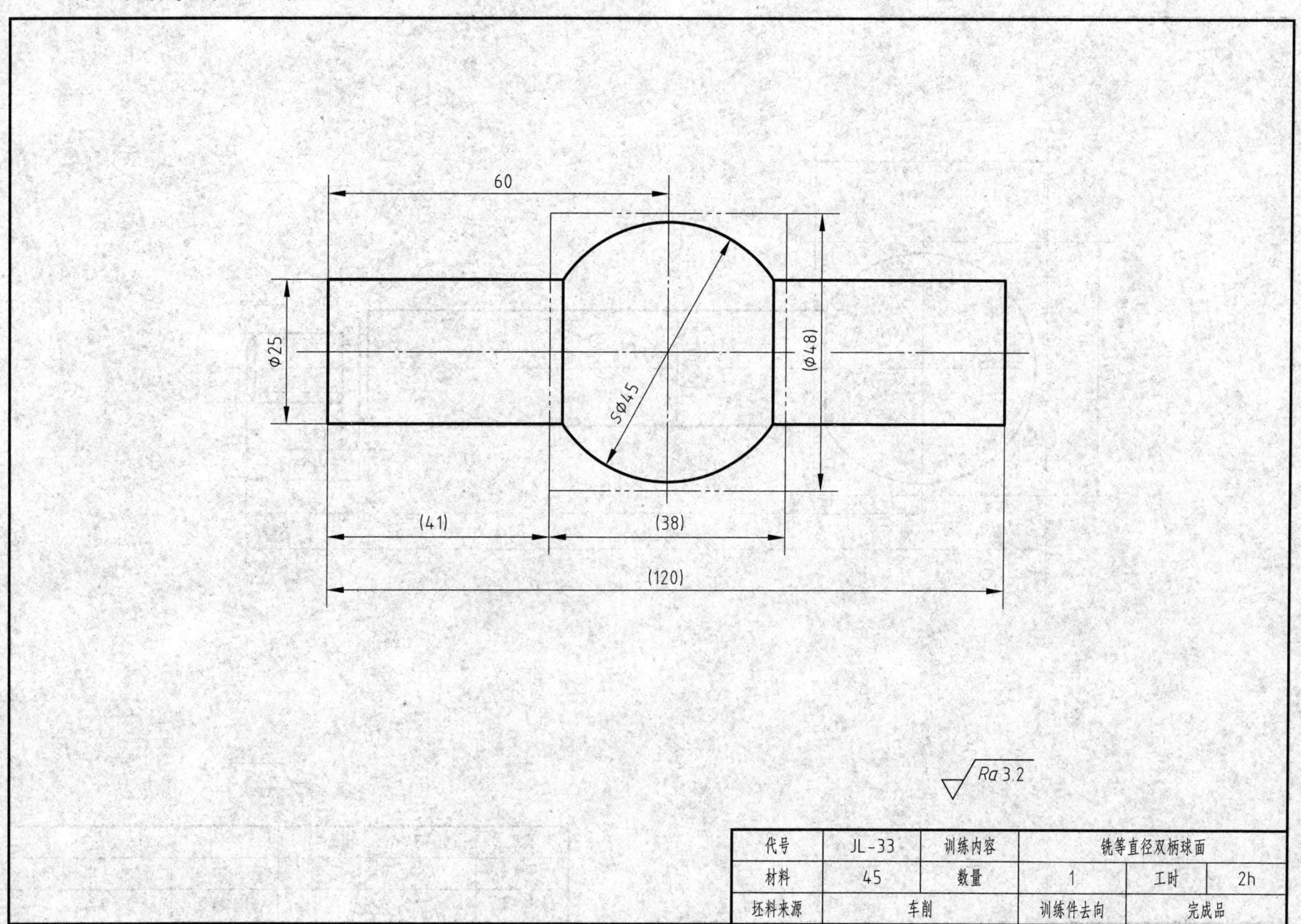

代号	JL-33	训练内容	铣等直径双柄球面		
材料	45	数量	1	工时	2h
坯料来源	车削		训练件去向	完成品	

三十四、铣单柄球面

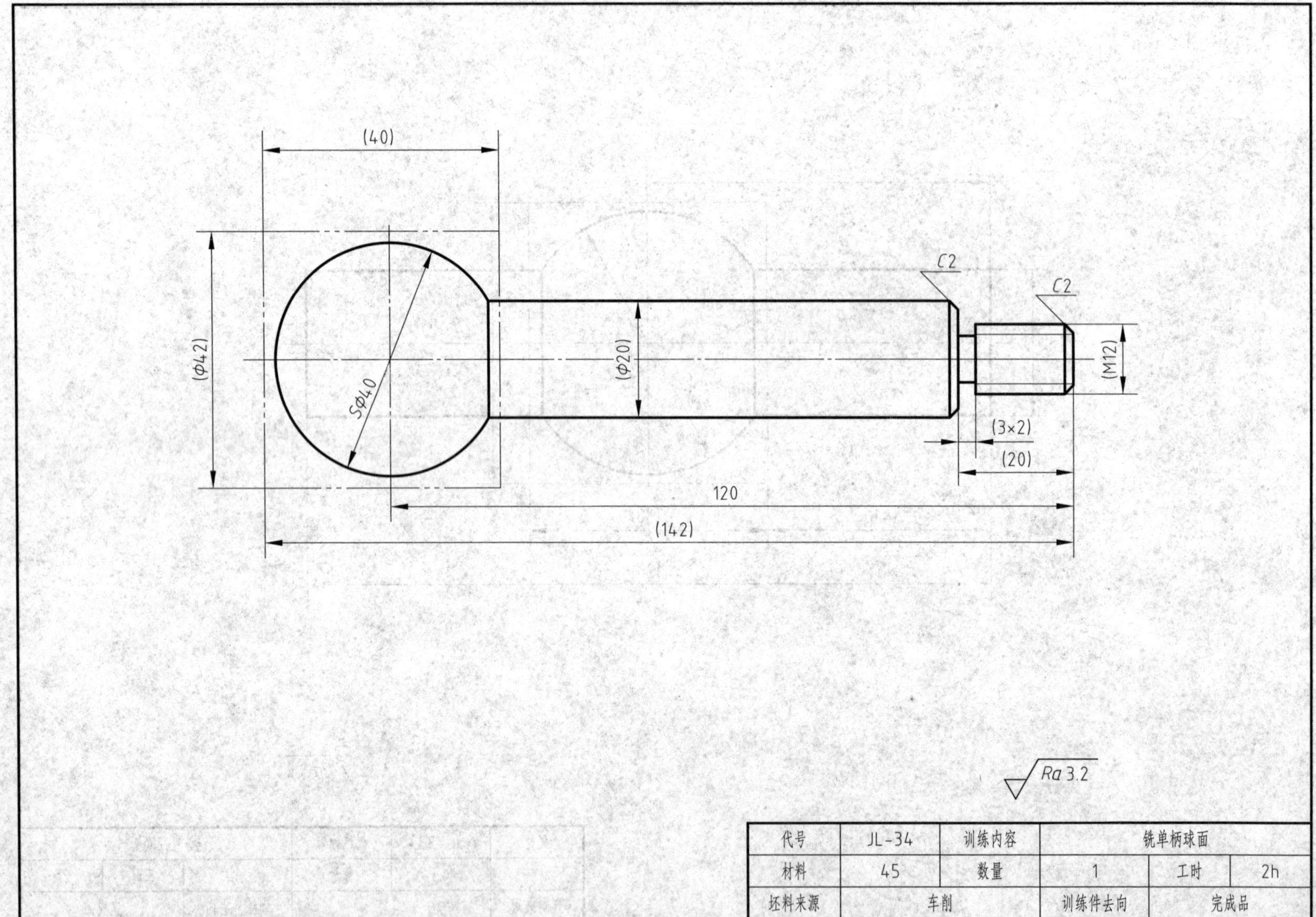

代号	JL-34	训练内容	铣单柄球面		
材料	45	数量	1	工时	2h
坯料来源	车削		训练件去向	完成品	

三十五、铣冠状内球面

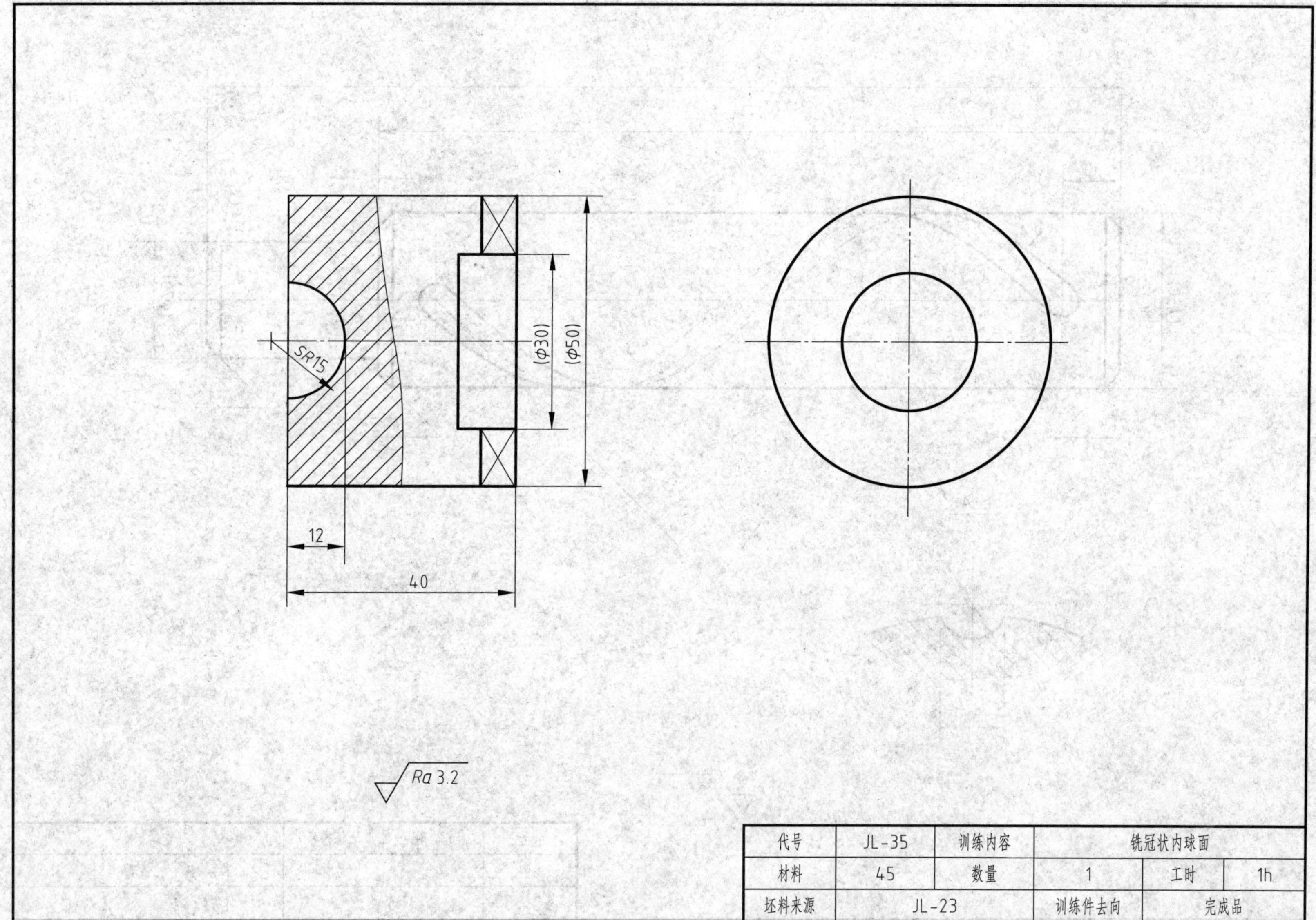

代号	JL-35	训练内容	铣冠状内球面		
材料	45	数量	1	工时	1h
坯料来源	JL-23		训练件去向	完成品	

三十六、铣螺旋槽

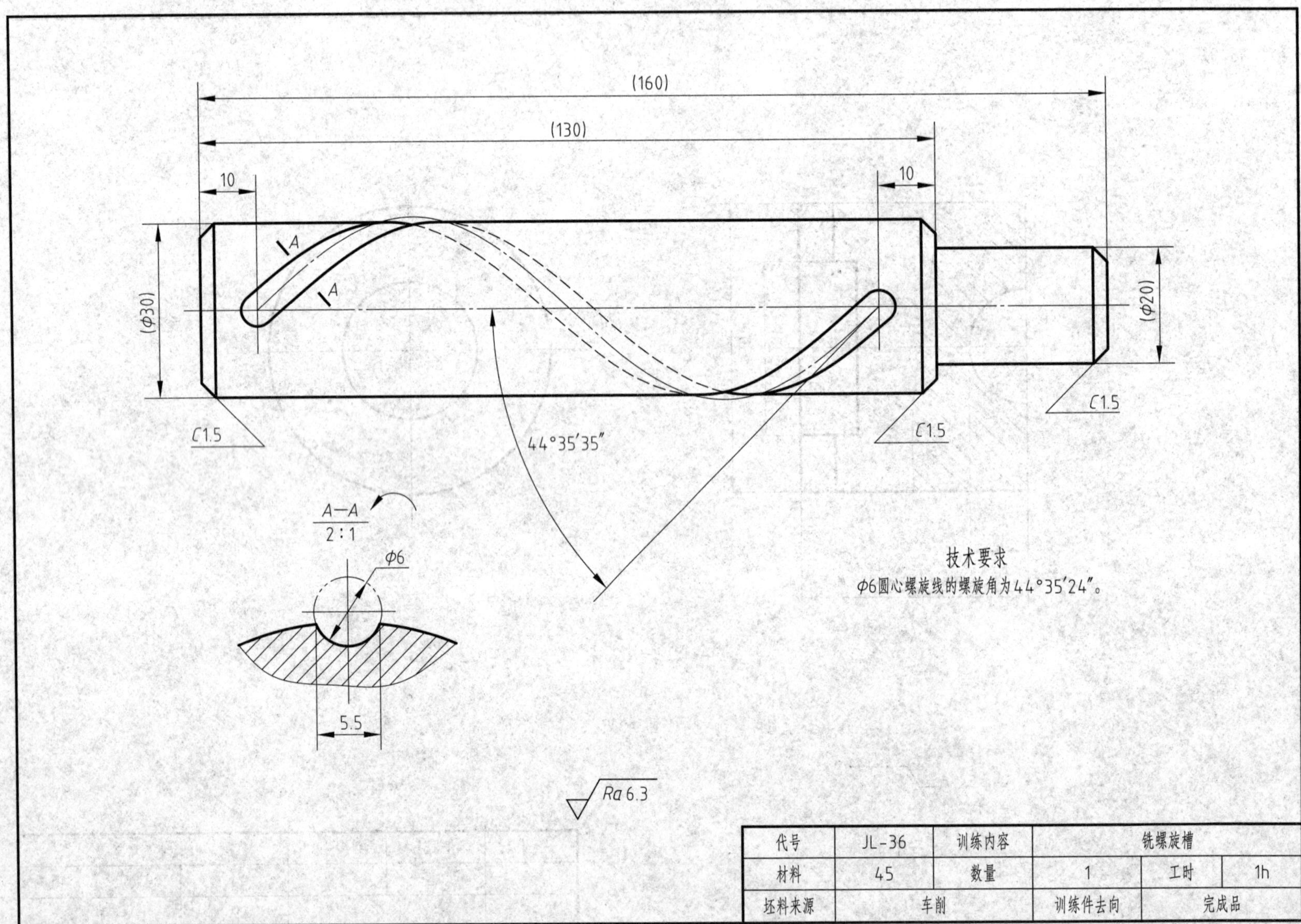

代号	JL-36	训练内容	铣螺旋槽		
材料	45	数量	1	工时	1h
坯料来源	车削		训练件去向	完成品	

三十七、铣等速圆柱凸轮

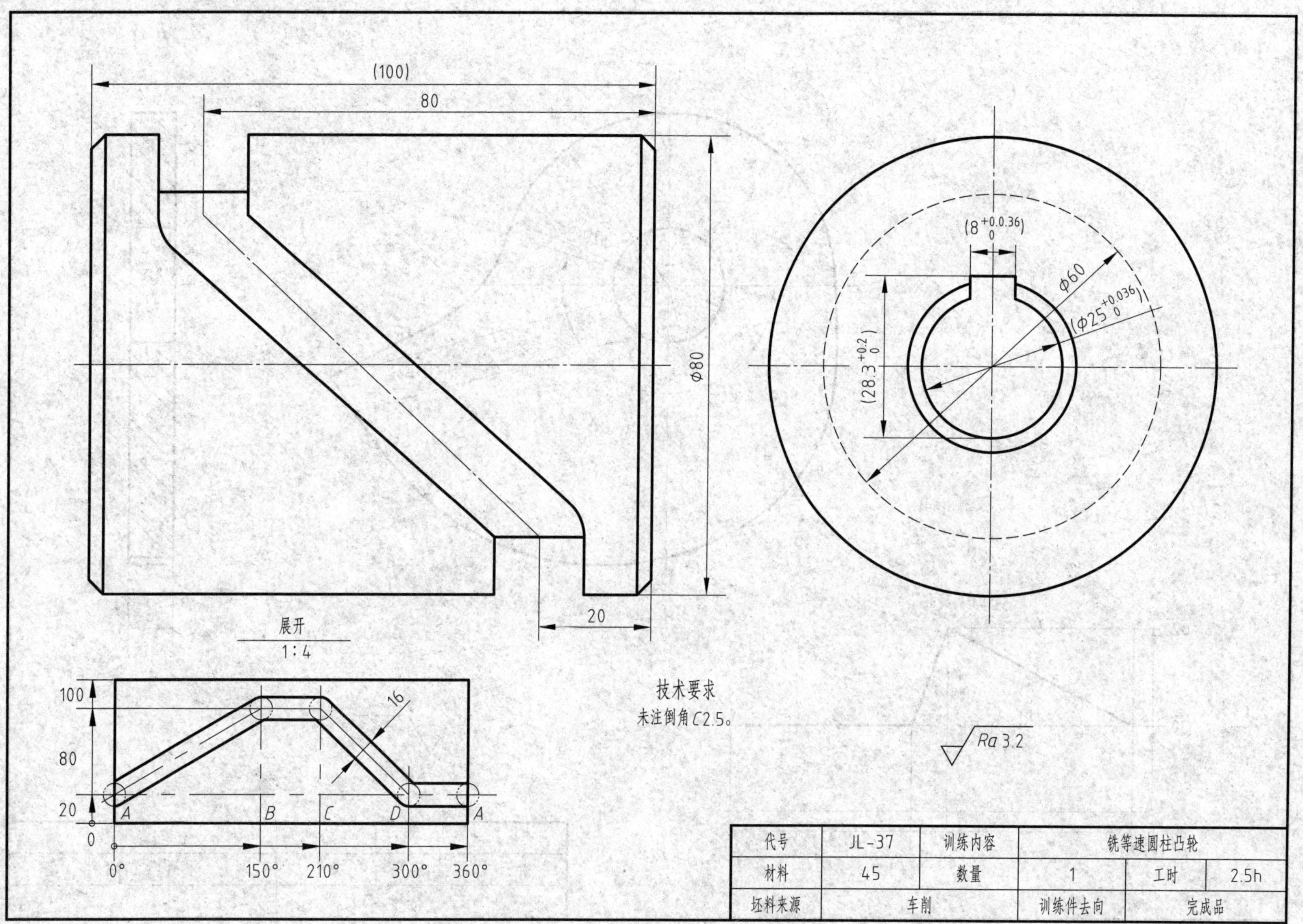

代号	JL-37	训练内容	铣等速圆柱凸轮		
材料	45	数量	1	工时	2.5h
坯料来源	车削		训练件去向	完成品	

三十八、铣等速盘形凸轮

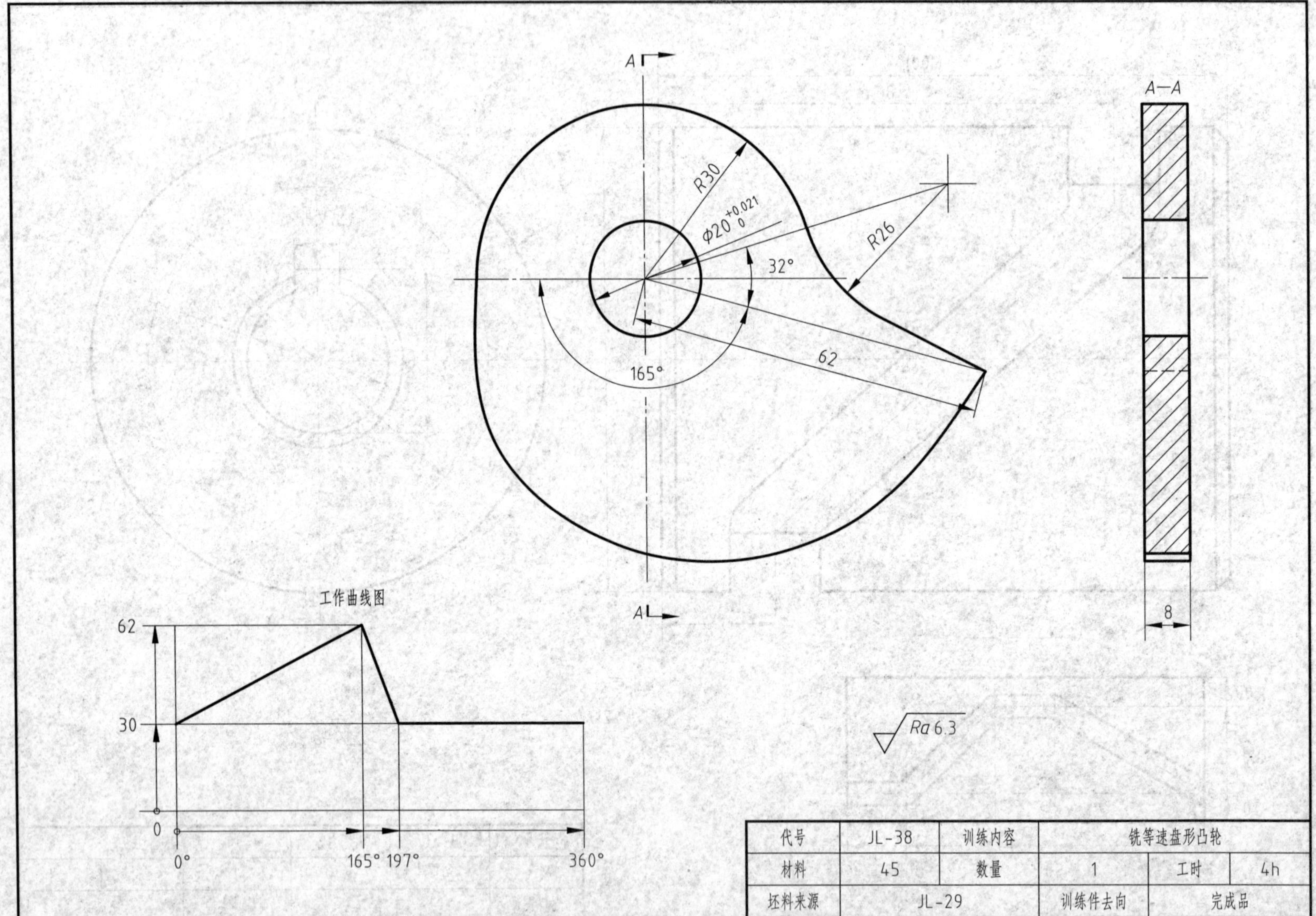

代号	JL-38	训练内容	铣等速盘形凸轮		
材料	45	数量	1	工时	4h
坯料来源	JL-29		训练件去向	完成品	

三十九、铣直齿圆柱齿轮

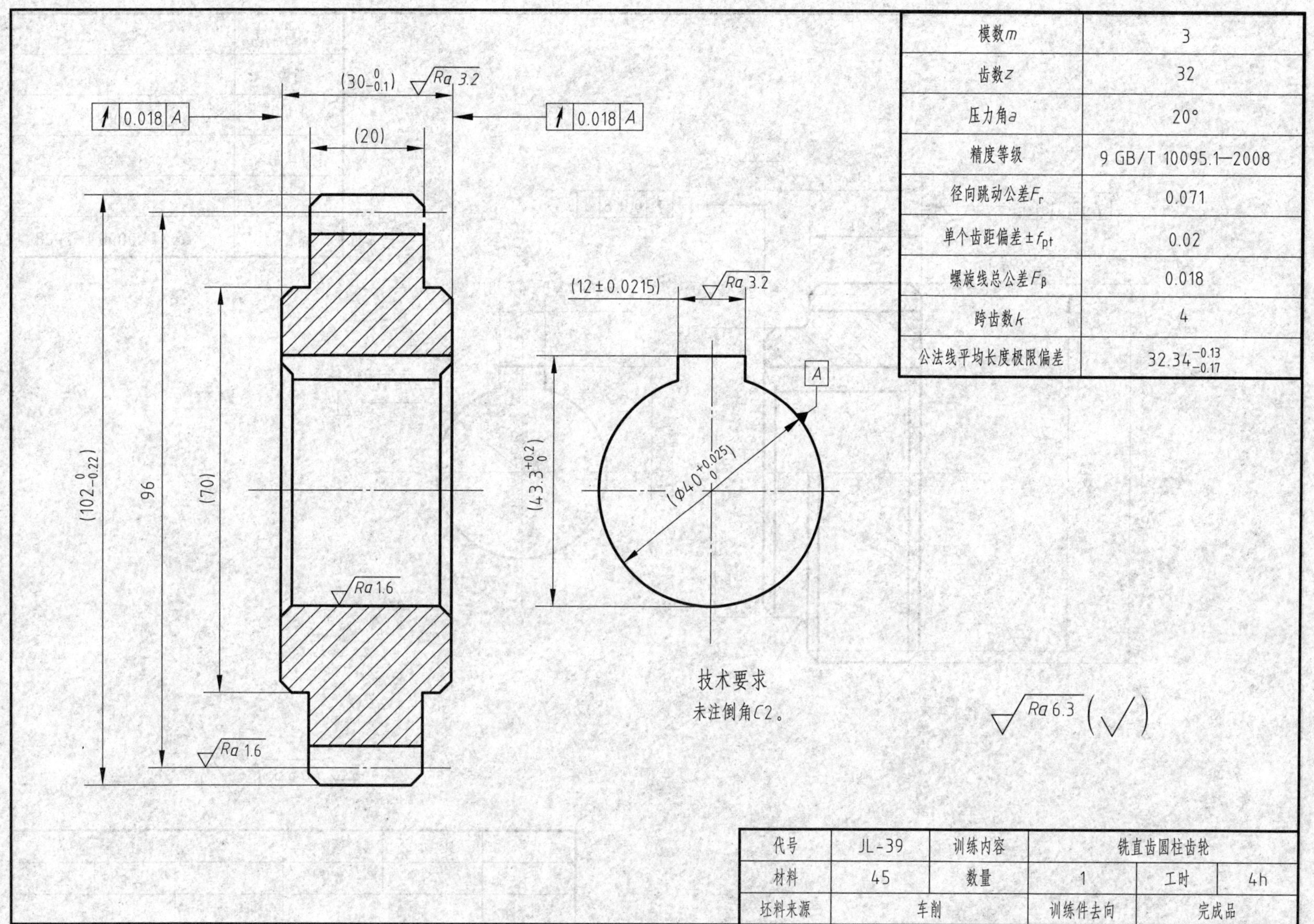

模数m	3
齿数z	32
压力角α	20°
精度等级	9 GB/T 10095.1—2008
径向跳动公差F_r	0.071
单个齿距偏差$\pm f_{pt}$	0.02
螺旋线总公差F_β	0.018
跨齿数k	4
公法线平均长度极限偏差	$32.34^{-0.13}_{-0.17}$

代号	JL-39	训练内容	铣直齿圆柱齿轮		
材料	45	数量	1	工时	4h
坯料来源	车削		训练件去向	完成品	

四十、铣斜齿圆柱齿轮

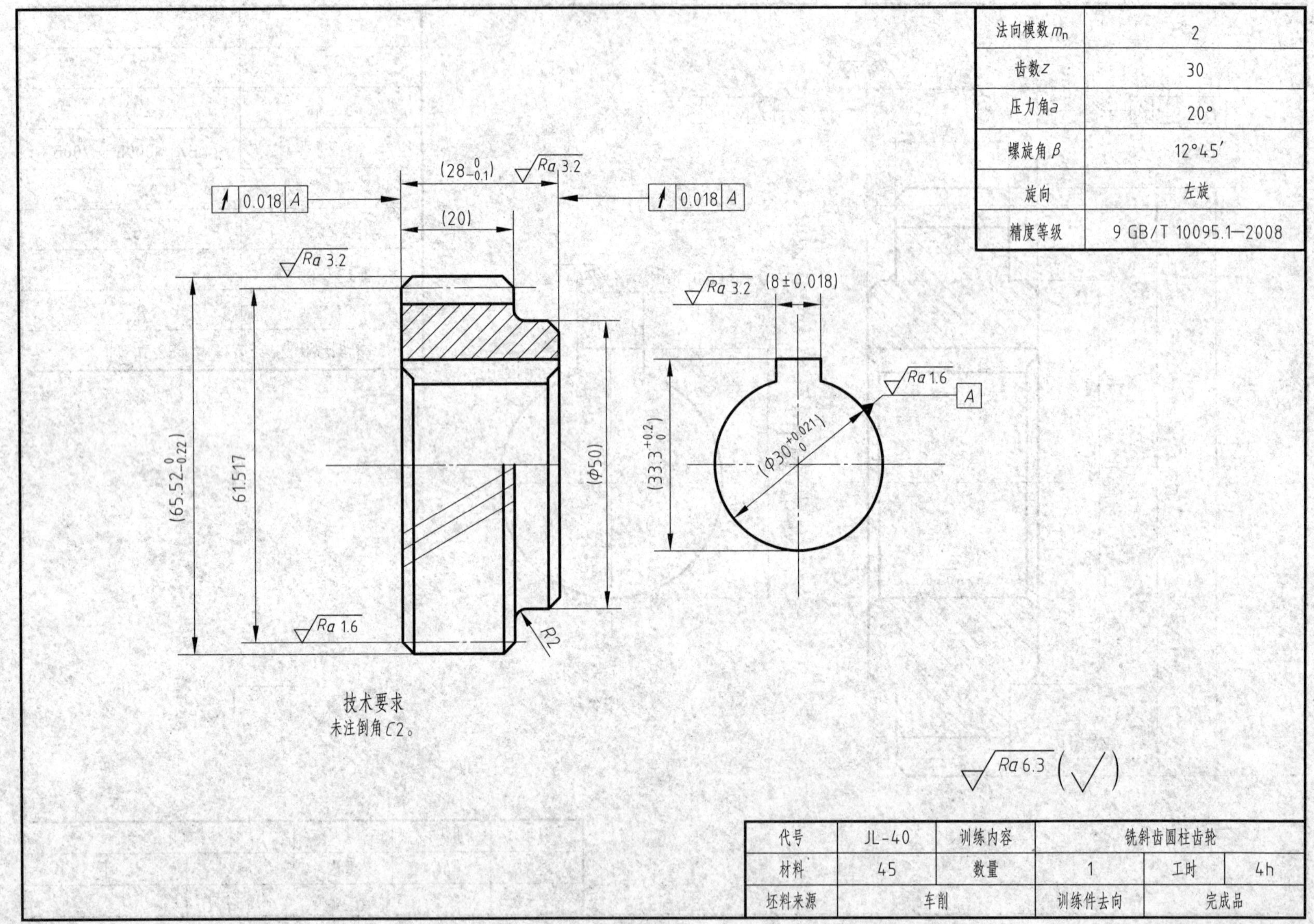

法向模数 m_n	2
齿数 z	30
压力角 α	20°
螺旋角 β	12°45′
旋向	左旋
精度等级	9 GB/T 10095.1—2008

代号	JL-40	训练内容	铣斜齿圆柱齿轮		
材料	45	数量	1	工时	4h
坯料来源	车削		训练件去向	完成品	

四十一、铣直齿条

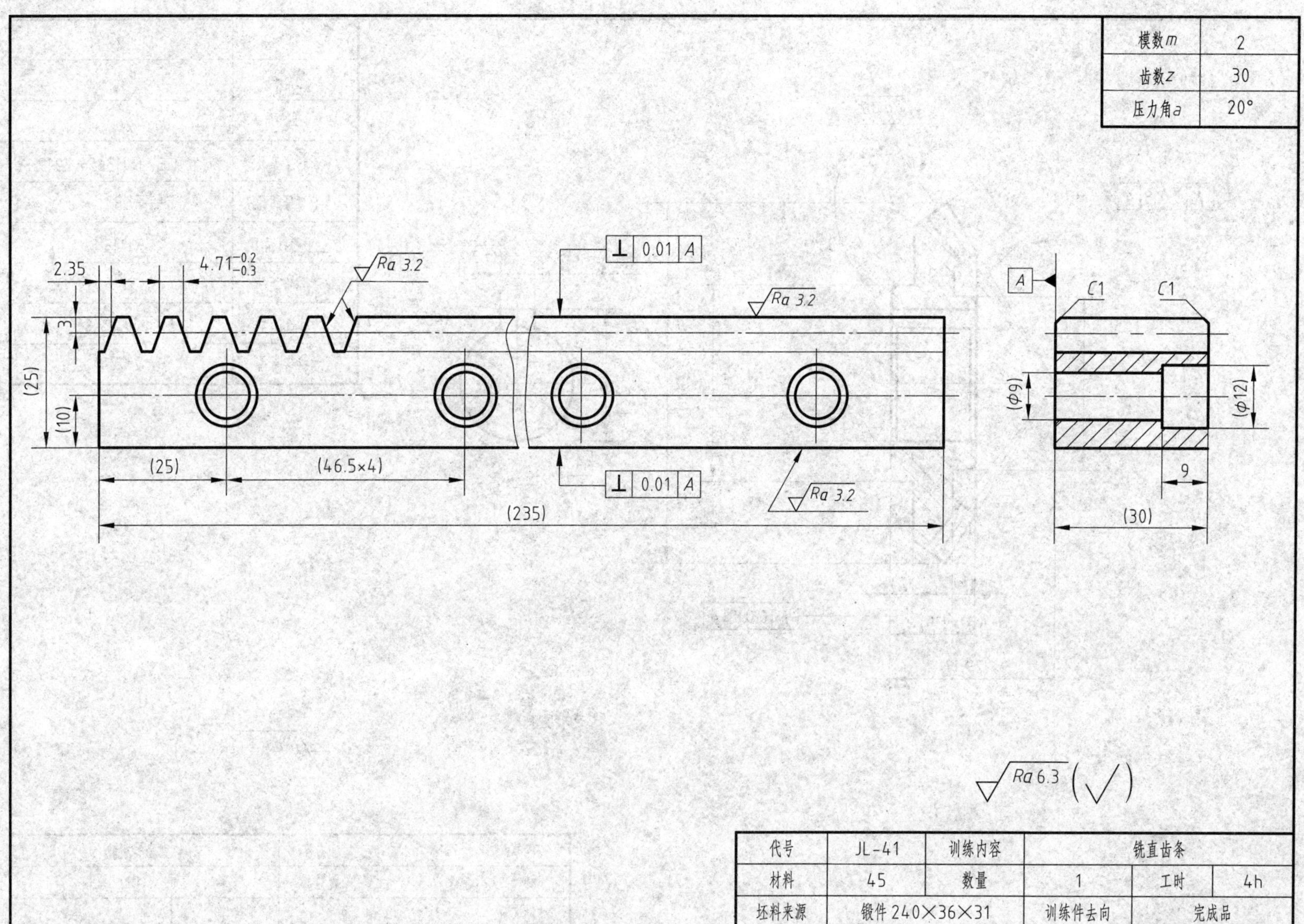

模数m	2
齿数z	30
压力角a	20°

代号	JL-41	训练内容	铣直齿条		
材料	45	数量	1	工时	4h
坯料来源	锻件 240×36×31	训练件去向	完成品		

四十二、铣直齿锥齿轮

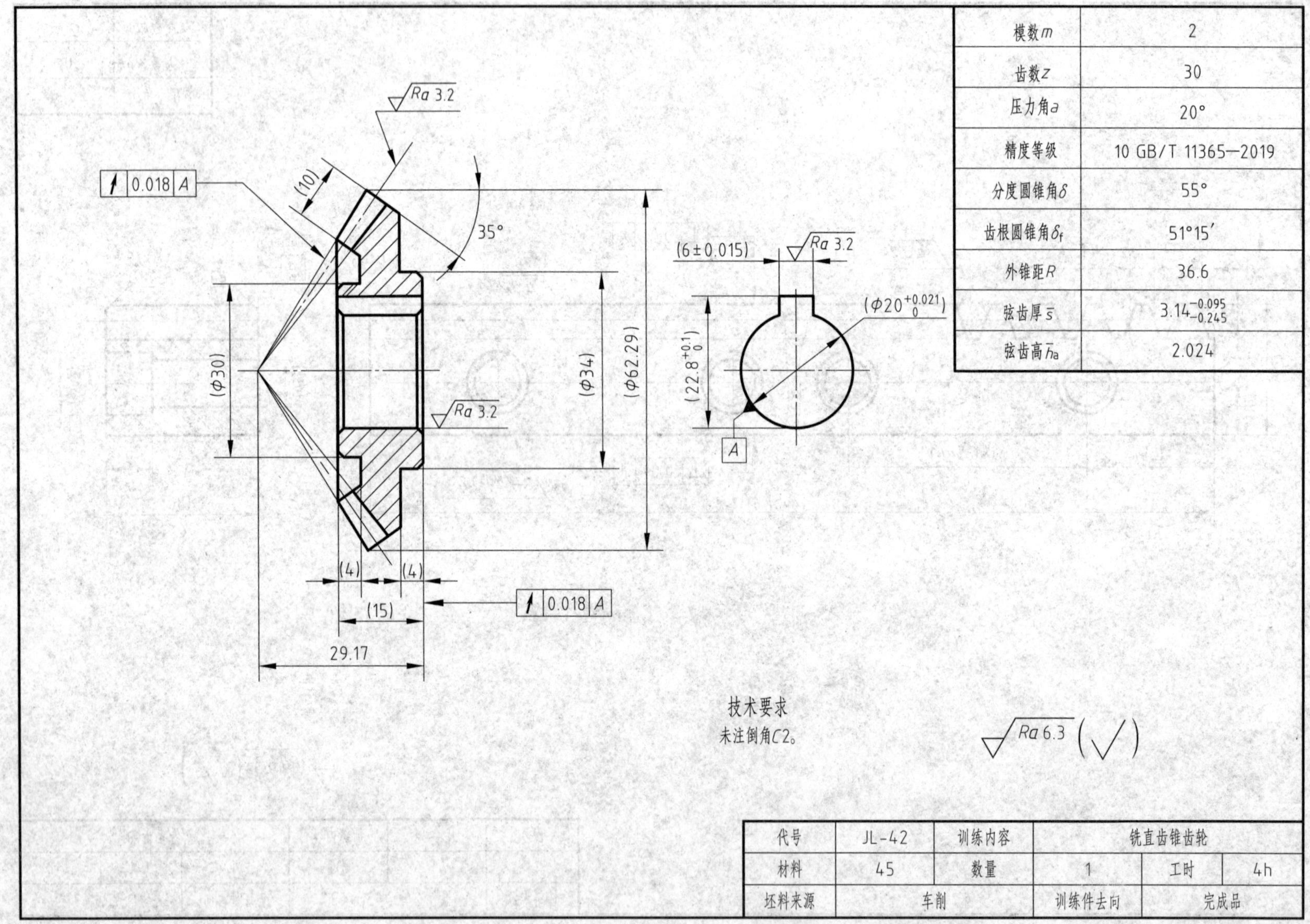

模数m	2
齿数z	30
压力角α	20°
精度等级	10 GB/T 11365—2019
分度圆锥角δ	55°
齿根圆锥角δ_f	51°15′
外锥距R	36.6
弦齿厚$\bar{s}$	$3.14^{-0.095}_{-0.245}$
弦齿高$\bar{h}_a$	2.024

代号	JL-42	训练内容	铣直齿锥齿轮		
材料	45	数量	1	工时	4h
坯料来源	车削		训练件去向	完成品	

四十三、铣矩形齿顶齿形链链轮

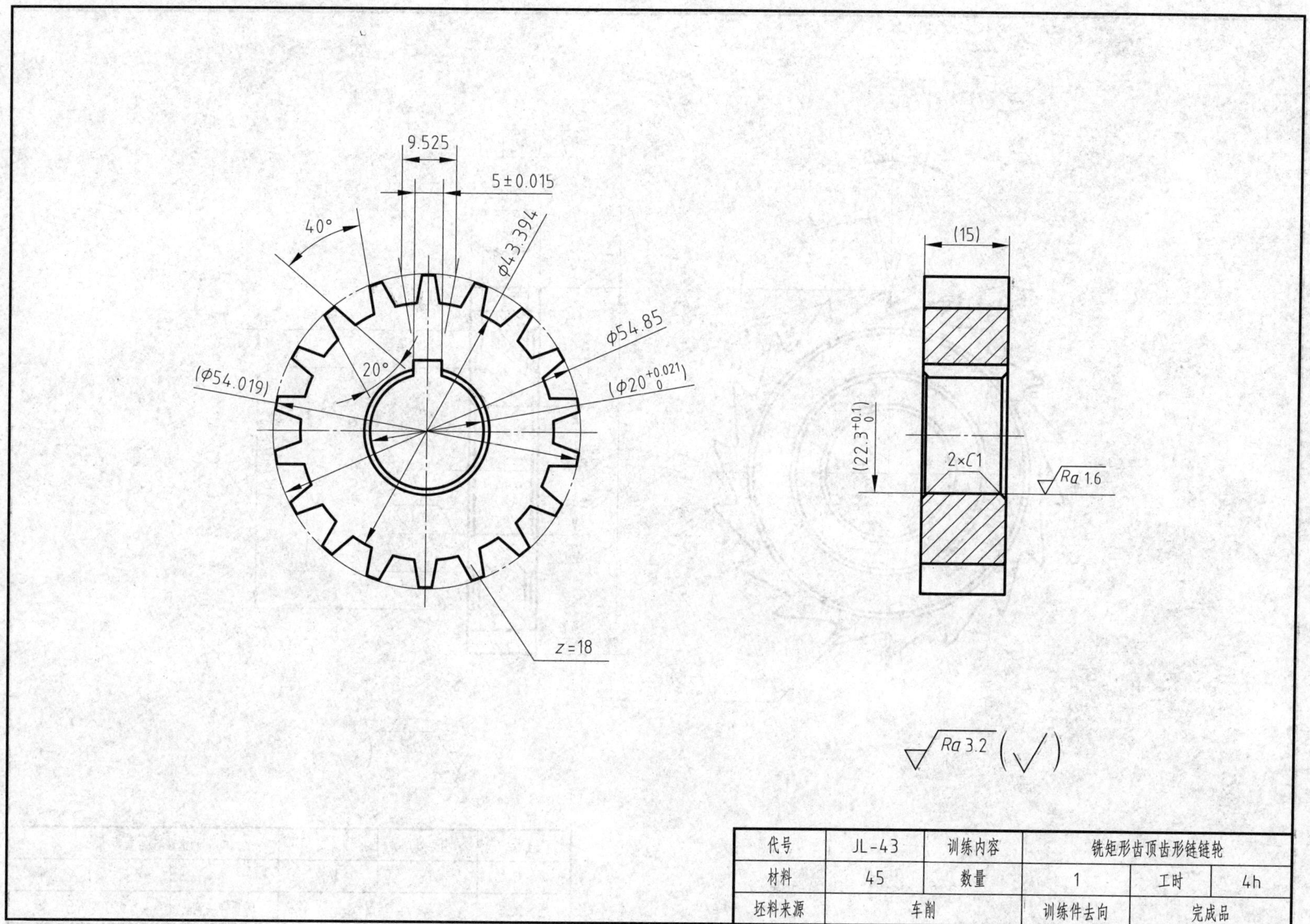

代号	JL-43	训练内容	铣矩形齿顶齿形链链轮		
材料	45	数量	1	工时	4h
坯料来源	车削		训练件去向	完成品	

四十四、铣圆柱面直齿槽

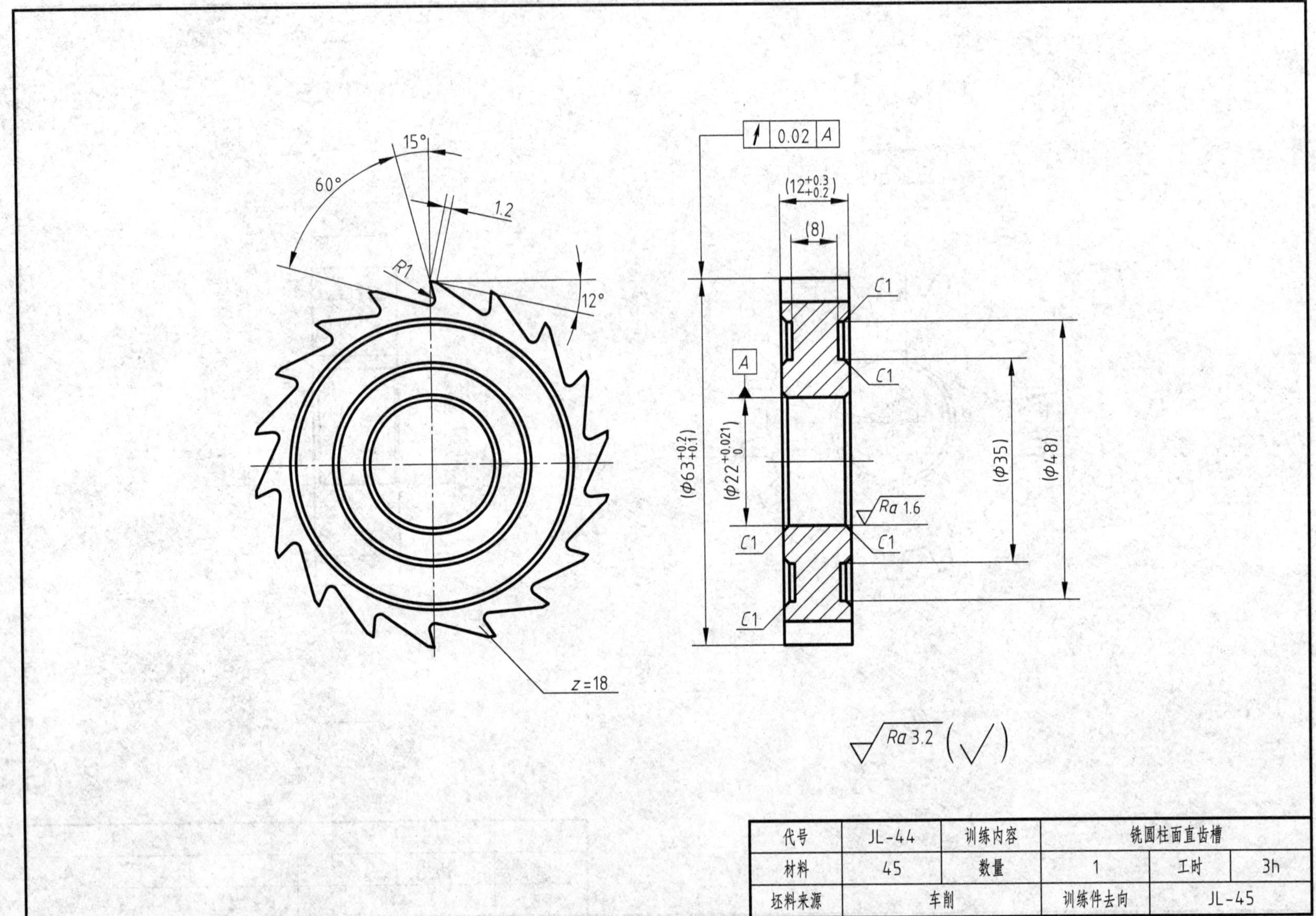

代号	JL-44	训练内容	铣圆柱面直齿槽		
材料	45	数量	1	工时	3h
坯料来源	车削	训练件去向	JL-45		

四十五、铣端面直齿槽

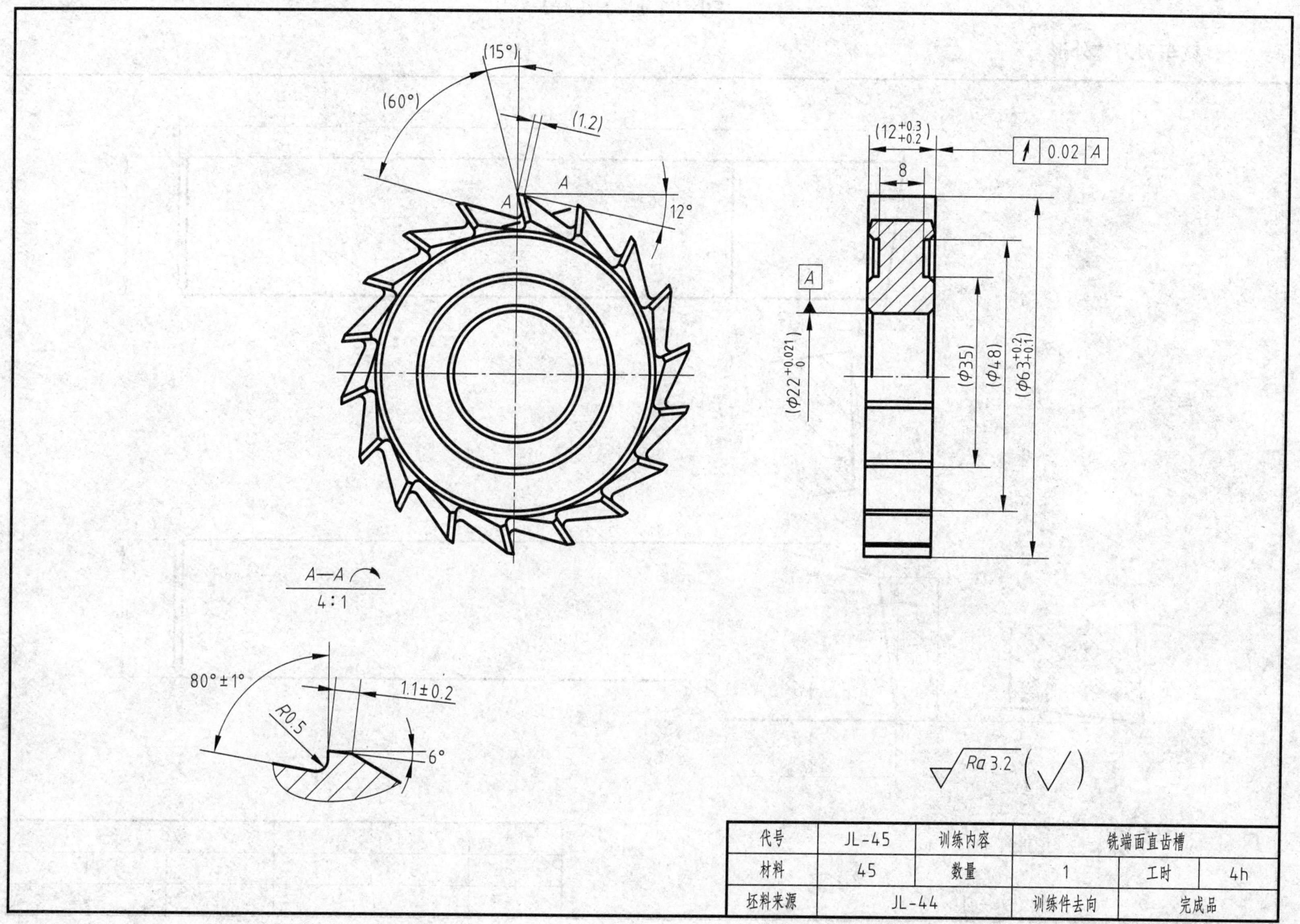

代号	JL-45	训练内容	铣端面直齿槽		
材料	45	数量	1	工时	4h
坯料来源	JL-44	训练件去向	完成品		

一、铣车刀刀体外形

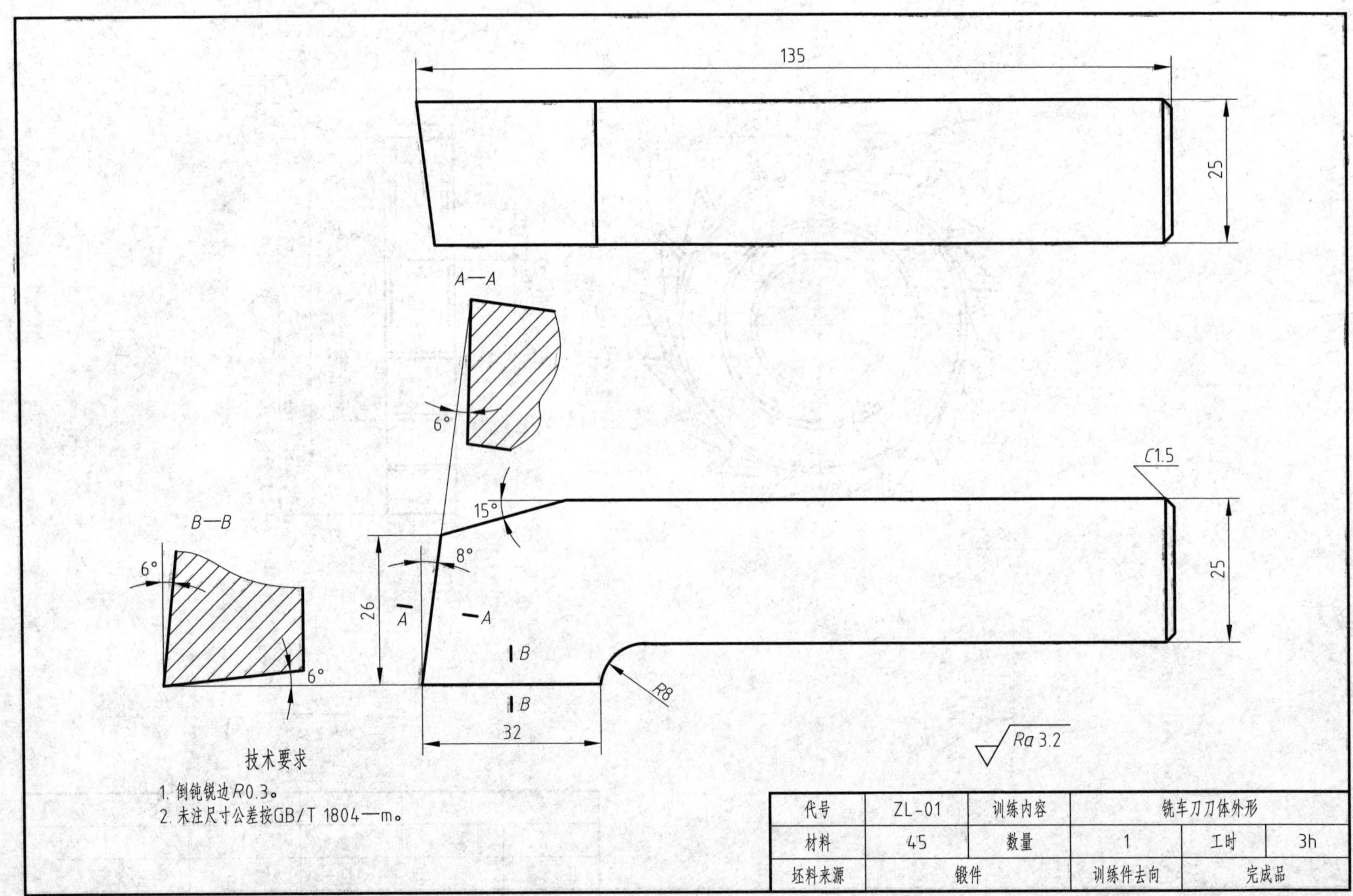

代号	ZL-01	训练内容	铣车刀刀体外形		
材料	45	数量	1	工时	3h
坯料来源	锻件		训练件去向	完成品	

二、铣锤子

10°
30°
10°
R8
25
25
2
35
27
102
30
2.5
5°
10°
16
Ra 6.3
代号
ZL-02
工件名称
铣锤子
材料
45
数量
1
工时
3h
坯料来源
锻件 106×30×30
训练件去向
完成品

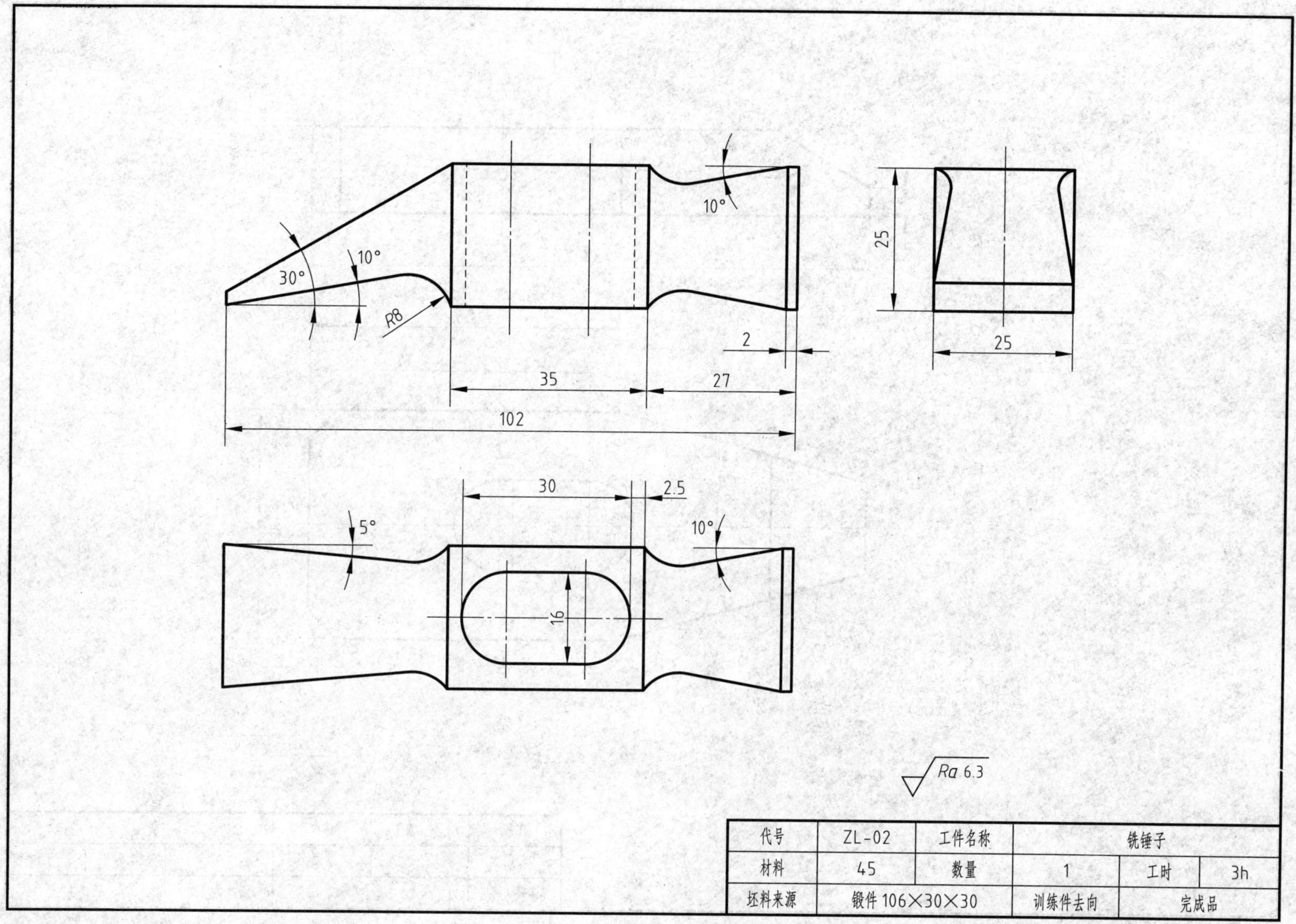

三、铣压板

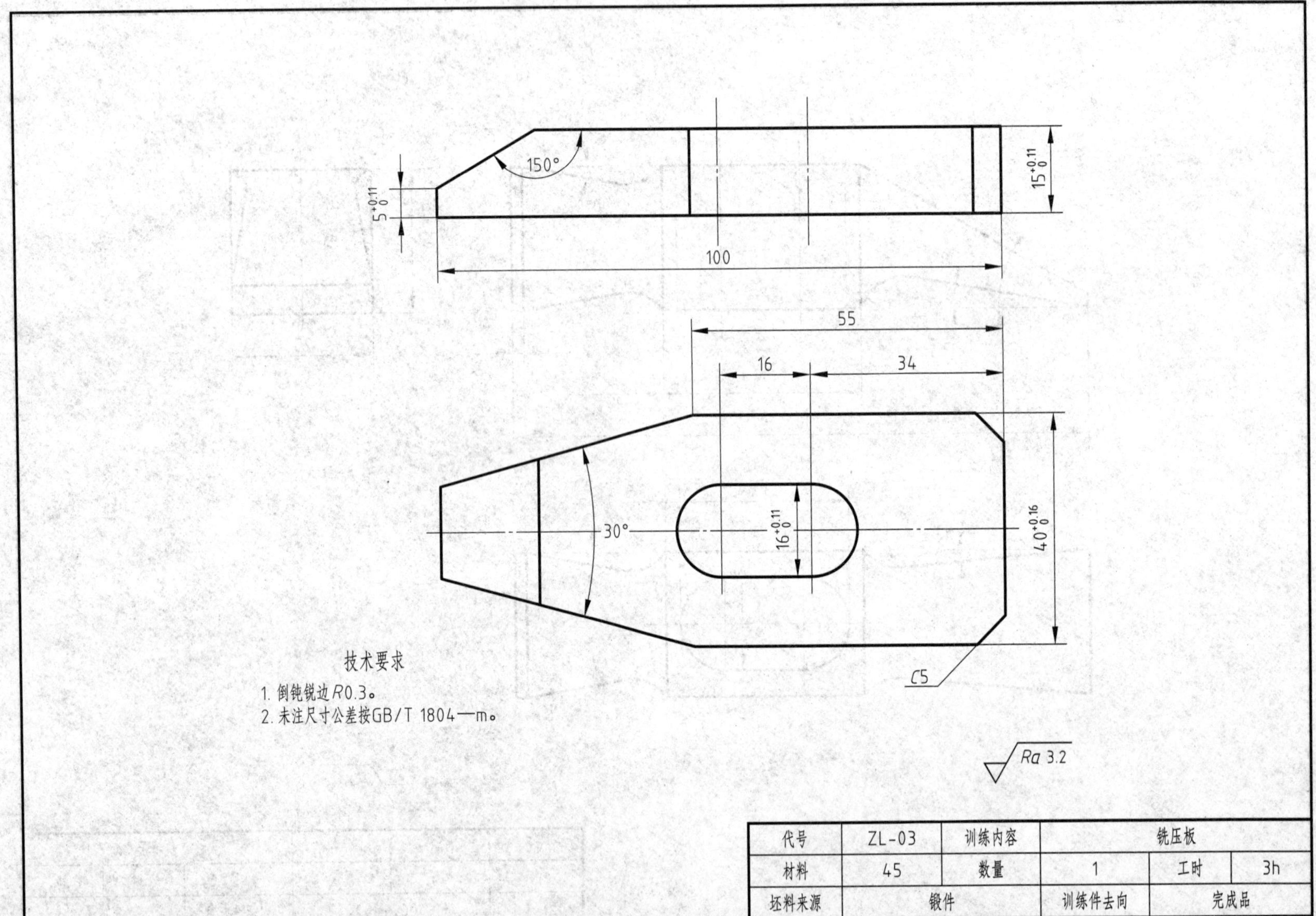

代号	ZL-03	训练内容	铣压板		
材料	45	数量	1	工时	3h
坯料来源	锻件		训练件去向	完成品	

四、铣塔形台阶

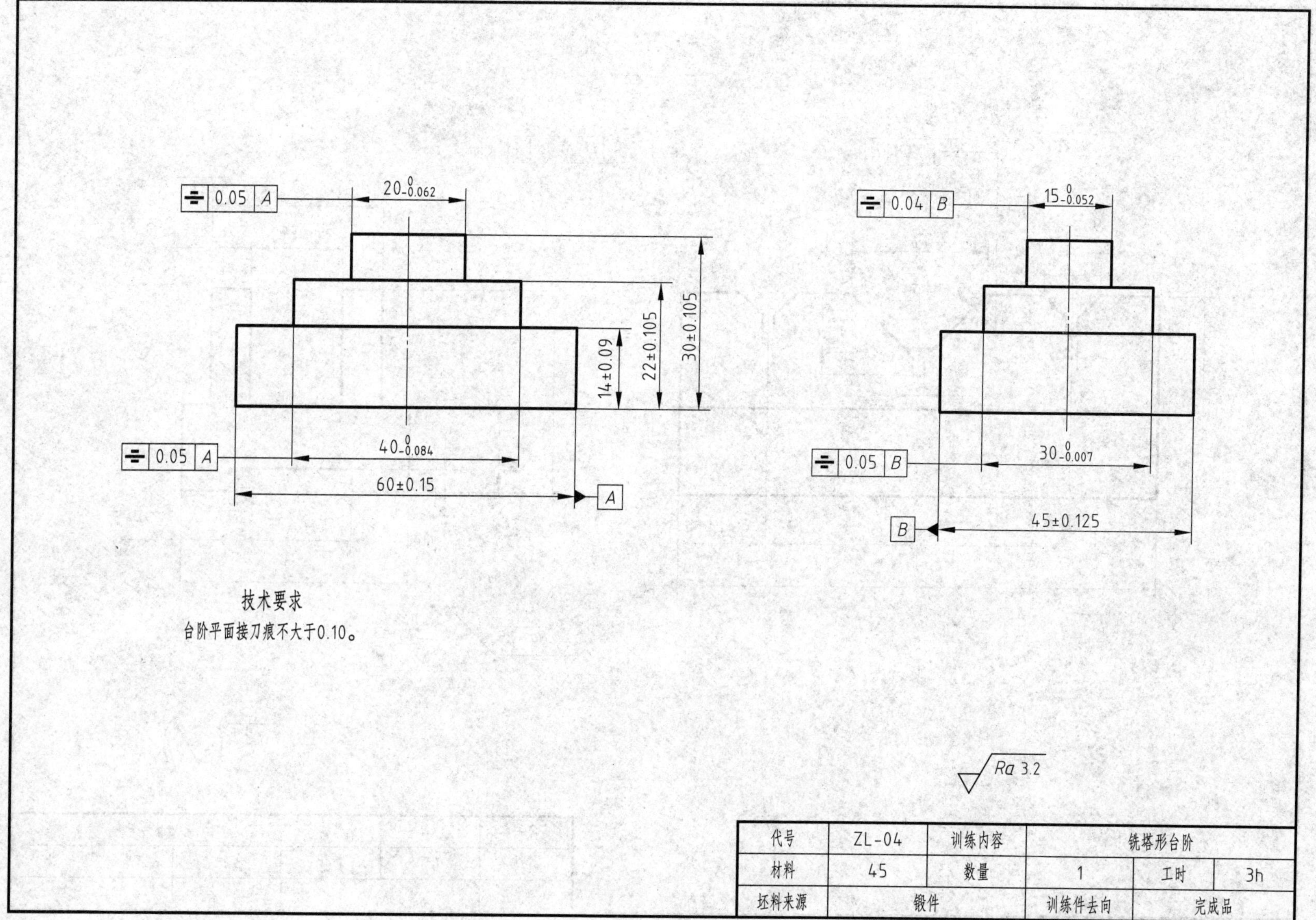

代号	ZL-04	训练内容	铣塔形台阶		
材料	45	数量	1	工时	3h
坯料来源	锻件		训练件去向	完成品	

五、铣 V 形卡块

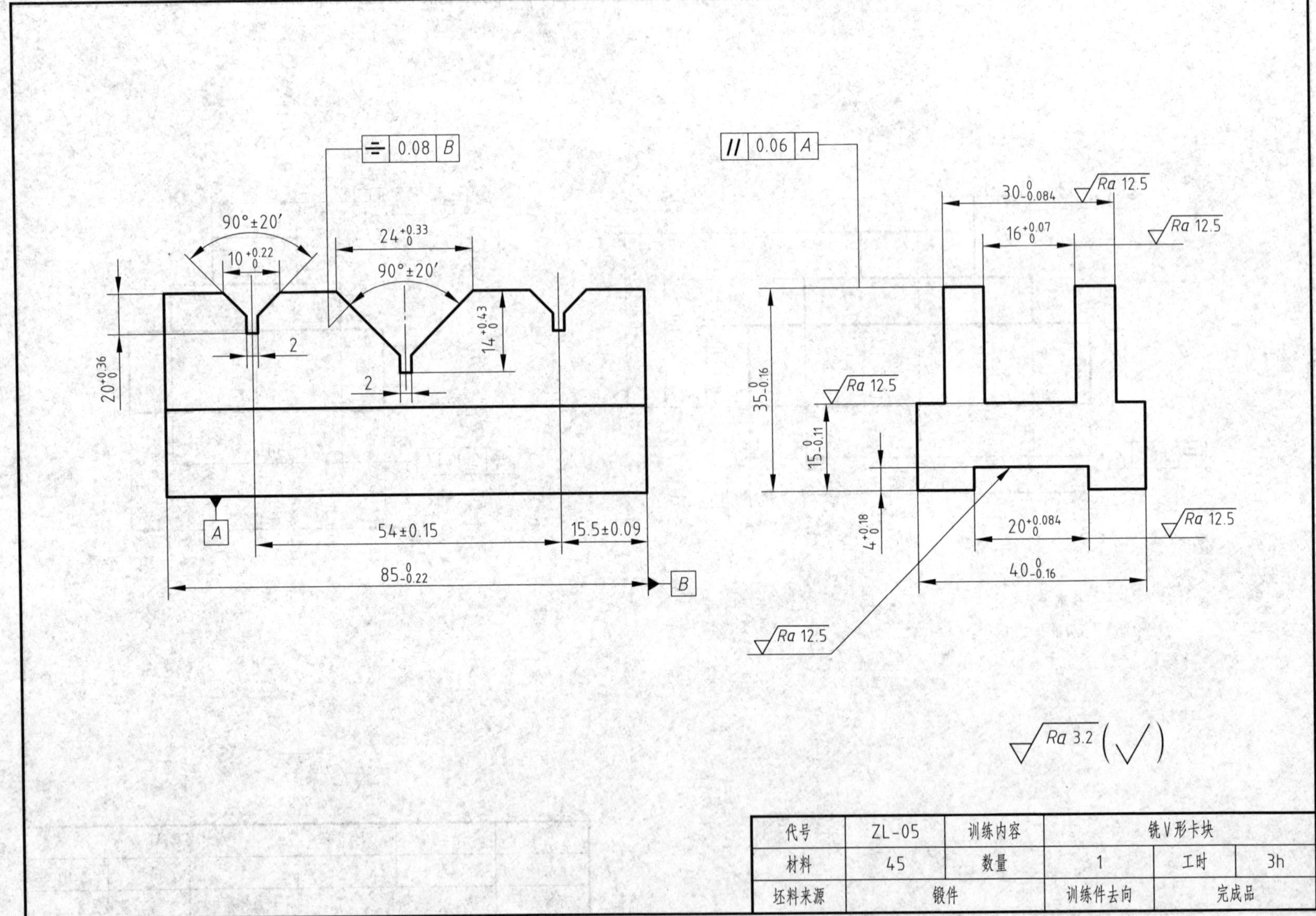

代号	ZL-05	训练内容	铣V形卡块		
材料	45	数量	1	工时	3h
坯料来源	锻件		训练件去向	完成品	

六、铣半孔座

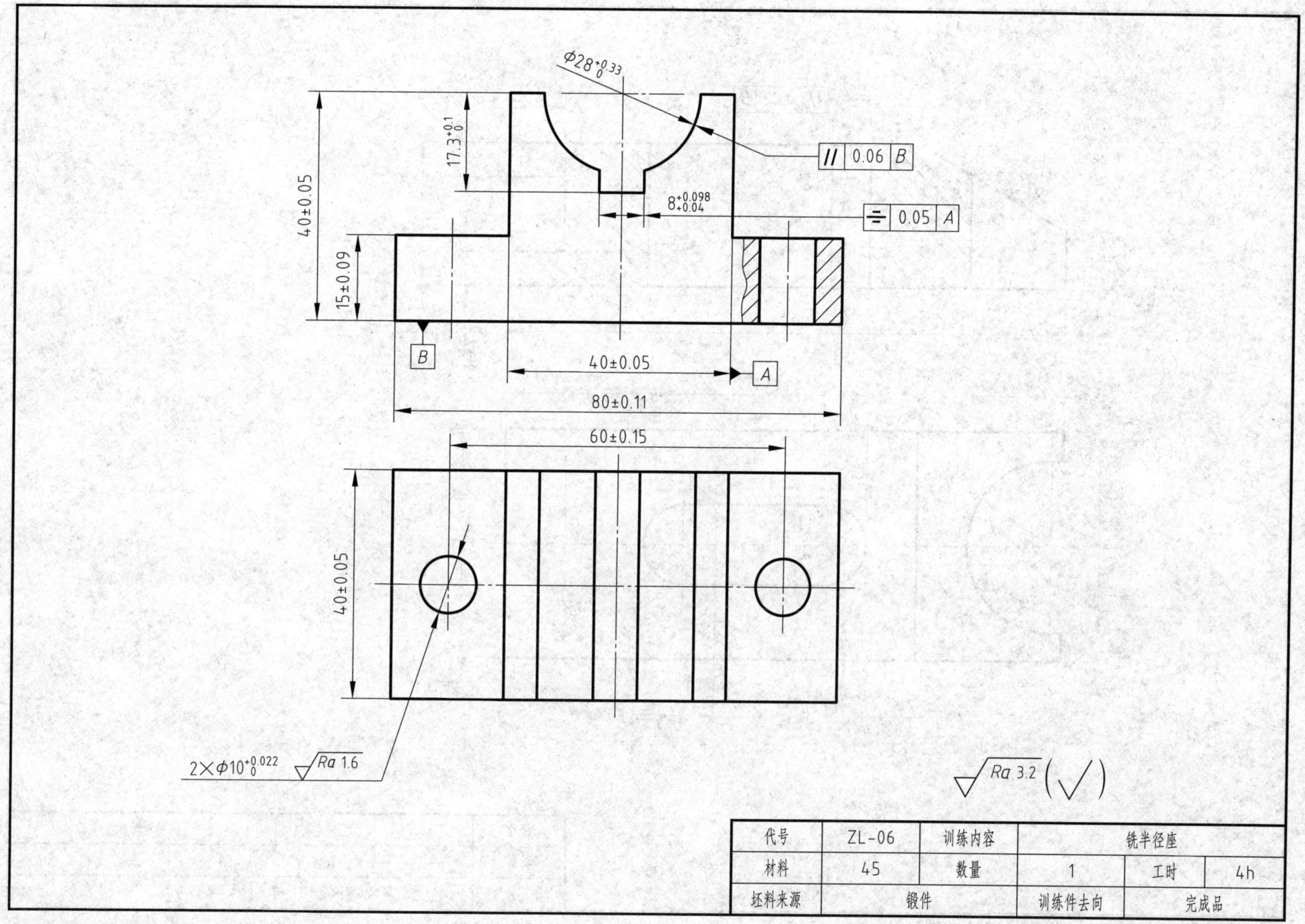

代号	ZL-06	训练内容	铣半径座		
材料	45	数量	1	工时	4h
坯料来源	锻件		训练件去向	完成品	

七、铣可调转接板

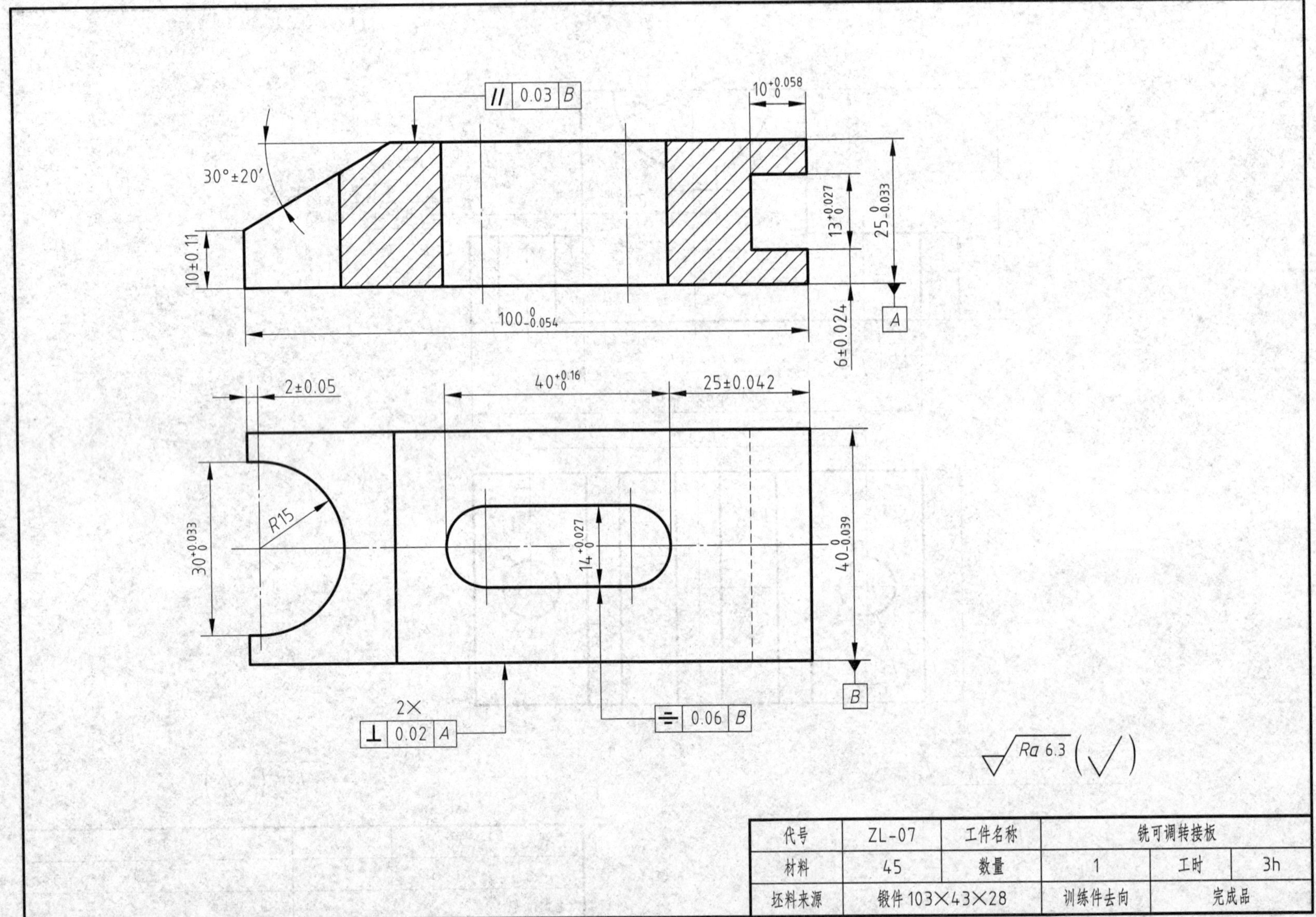

代号	ZL-07	工件名称	铣可调转接板		
材料	45	数量	1	工时	3h
坯料来源	锻件 103×43×28	训练件去向	完成品		

八、铣圆柱螺旋齿铰刀

(180)
(90)
(15)
8
16
A
15°
(ϕ22$^{+0.5}_{+0.2}$)
(ϕ22)
(ϕ18)
(ϕ20)
B
C1
A—A
2:1
1
70°
17
B—B
技术要求
两端中心孔A2.5/5.3。
Ra 3.2
代号
ZL-08
训练内容
铣圆柱螺旋齿铰刀
材料
45
数量
1
工时
4h
坯料来源
车削
训练件去向
完成品

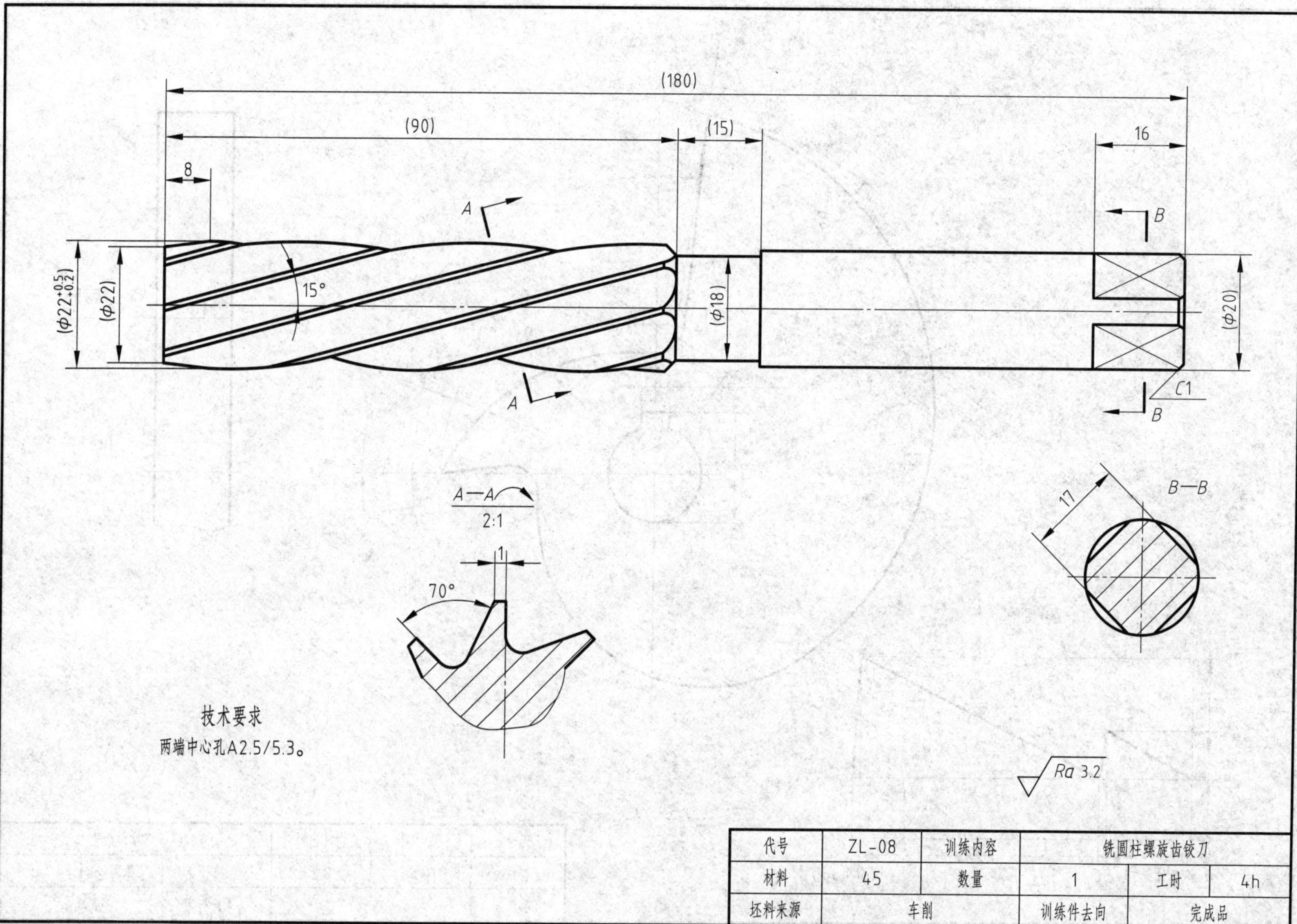

九、铣等速盘形凸轮

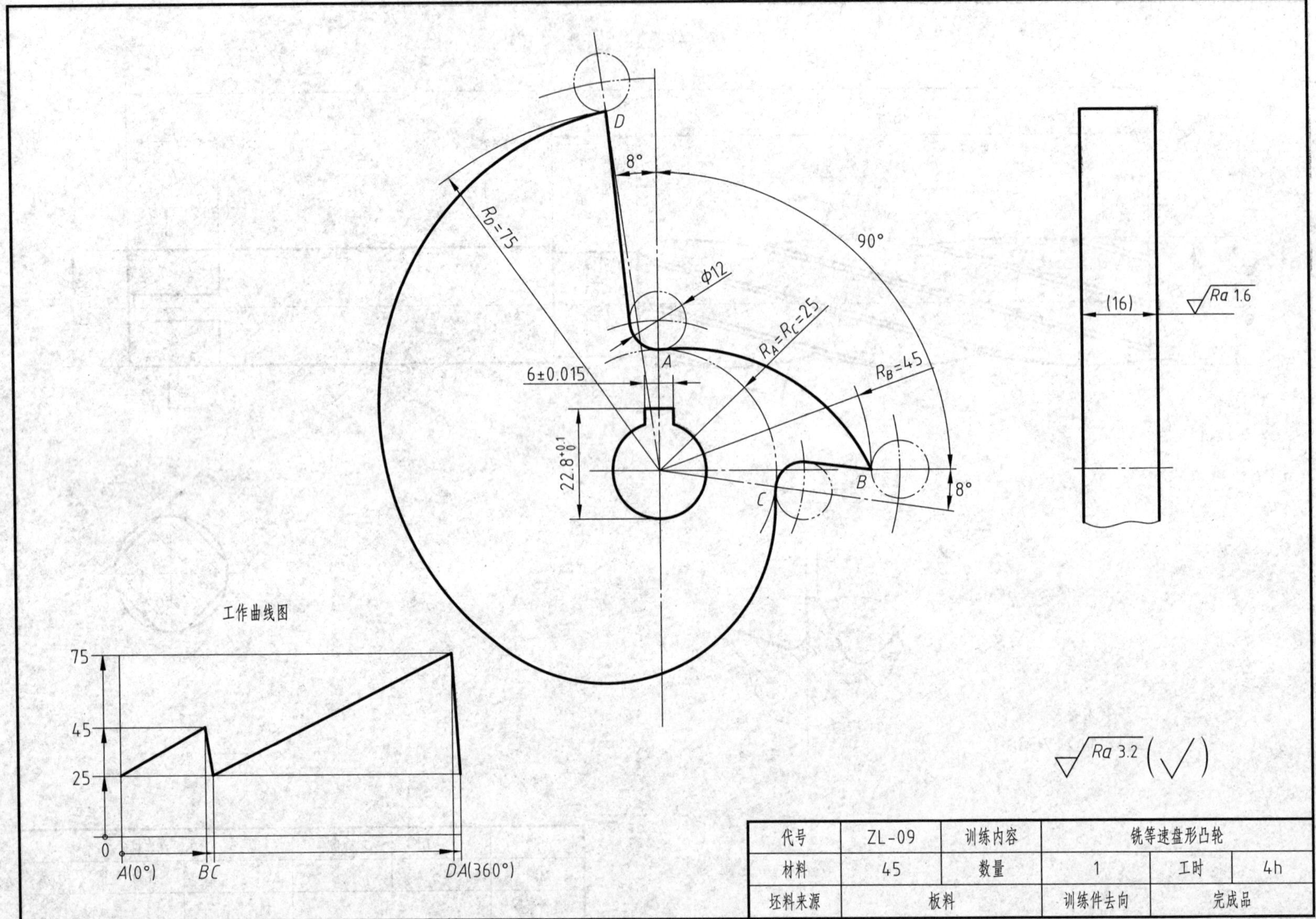

代号	ZL-09	训练内容	铣等速盘形凸轮		
材料	45	数量	1	工时	4h
坯料来源	板料	训练件去向	完成品		

十、铣直槽双向组件

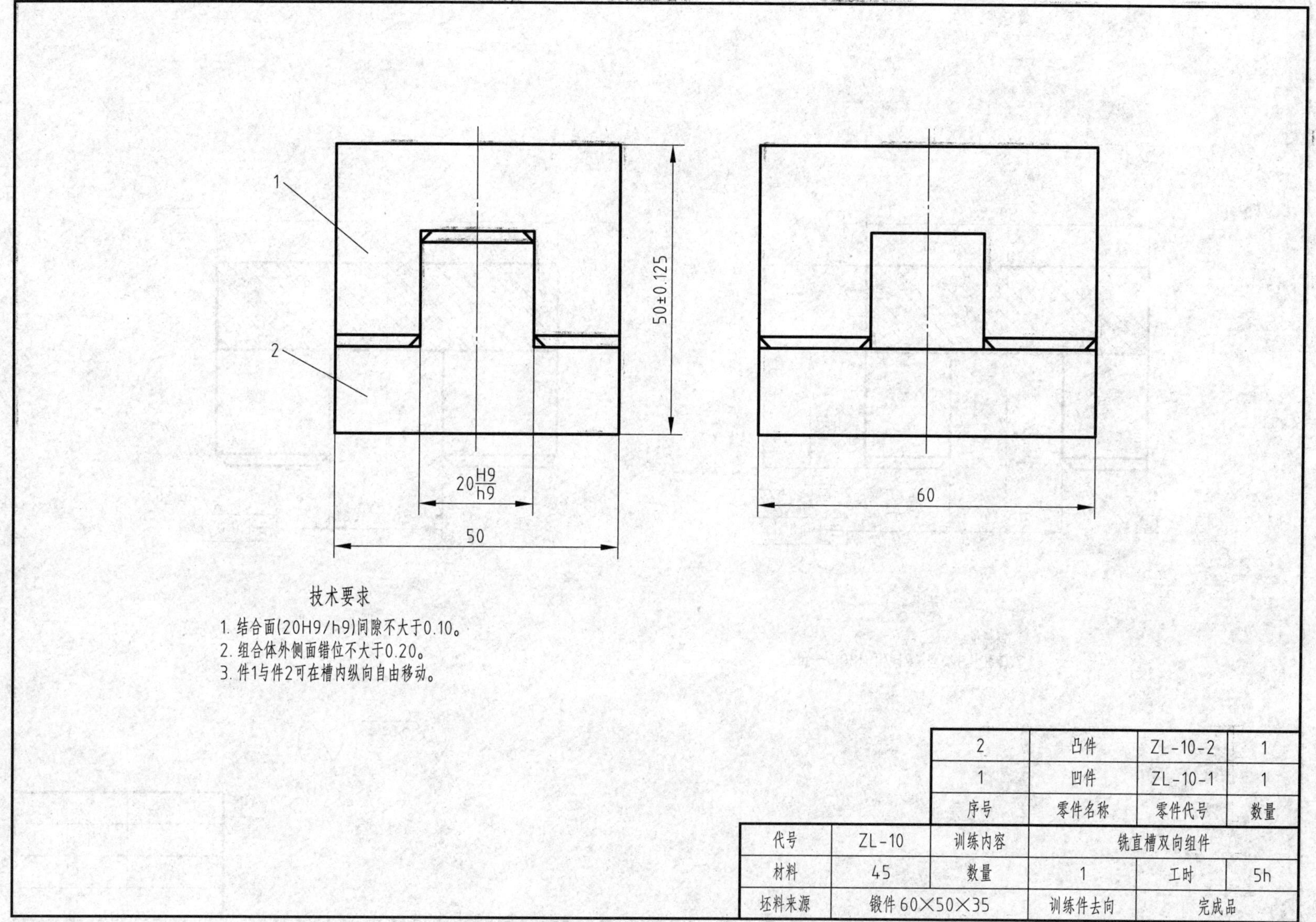

		2	凸件	ZL-10-2	1
		1	凹件	ZL-10-1	1
		序号	零件名称	零件代号	数量
代号	ZL-10	训练内容	铣直槽双向组件		
材料	45	数量	1	工时	5h
坯料来源	锻件 60×50×35		训练件去向	完成品	

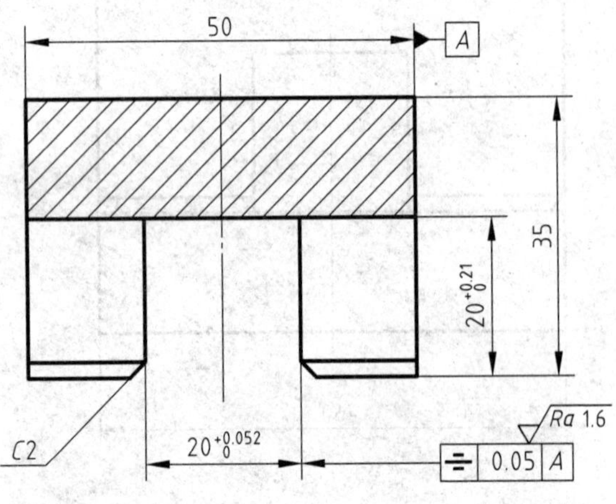

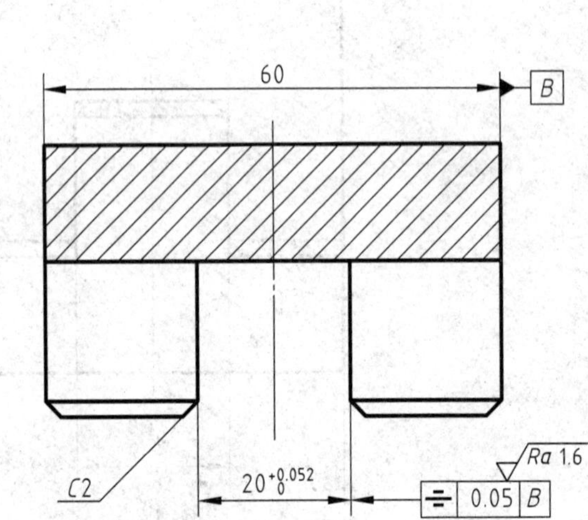

技术要求

1. 倒钝锐边*R*0.3。
2. 未注尺寸公差按GB/T 1804—m。

Ra 6.3 (√)

零件名称	凹件
代号	ZL-10-1
材料	45
数量	1

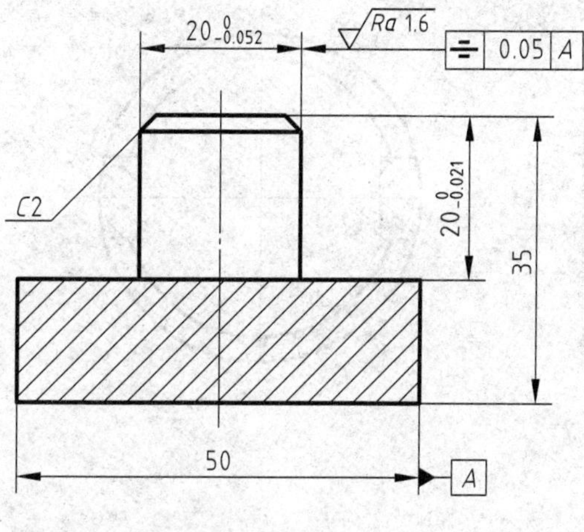

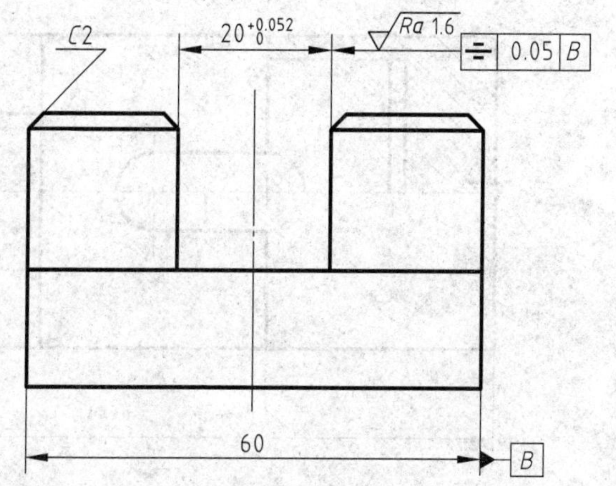

技术要求

1. 倒钝锐边 *R*0.3。
2. 未注尺寸公差按GB/T 1804—m。

Ra 3.2 (√)

零件名称	凸件
代号	ZL-10-2
材料	45
数量	1

十一、铣六方柱塞组件

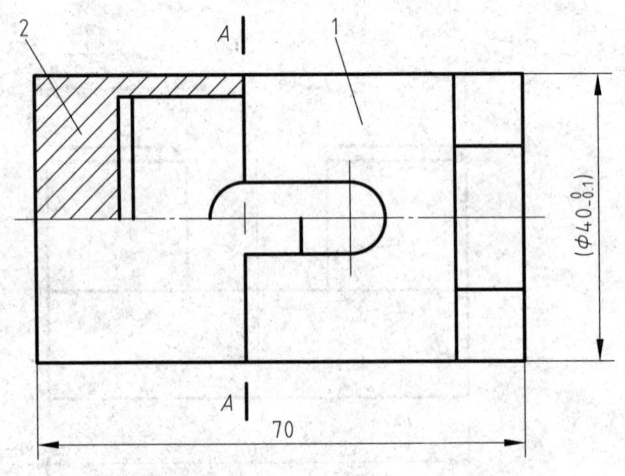

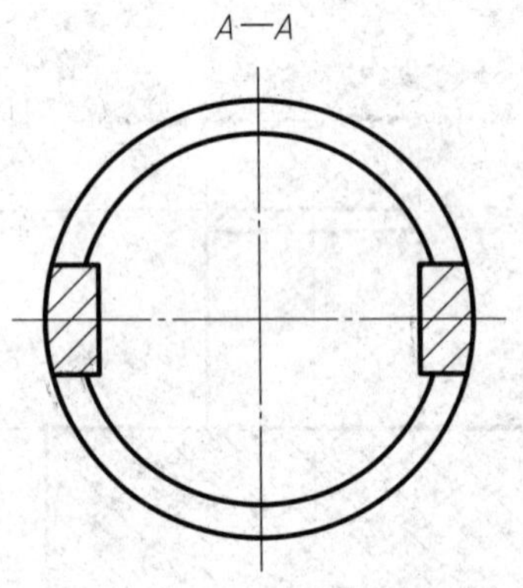

技术要求

1. 结合面间隙不大于0.12。
2. 组合体外圆柱面错位不大于0.20。
3. 转动180°组合间隙和错位量均不得超差。

	2	凸键合块	ZL-11-2	1	
	1	六方轴件	ZL-11-1	1	
	序号	零件名称	零件代号	数量	
代号	ZL-11	训练内容	铣六方柱塞组件		
材料	45	数量	1	工时	5h
坯料来源	车削		训练件去向	完成品	

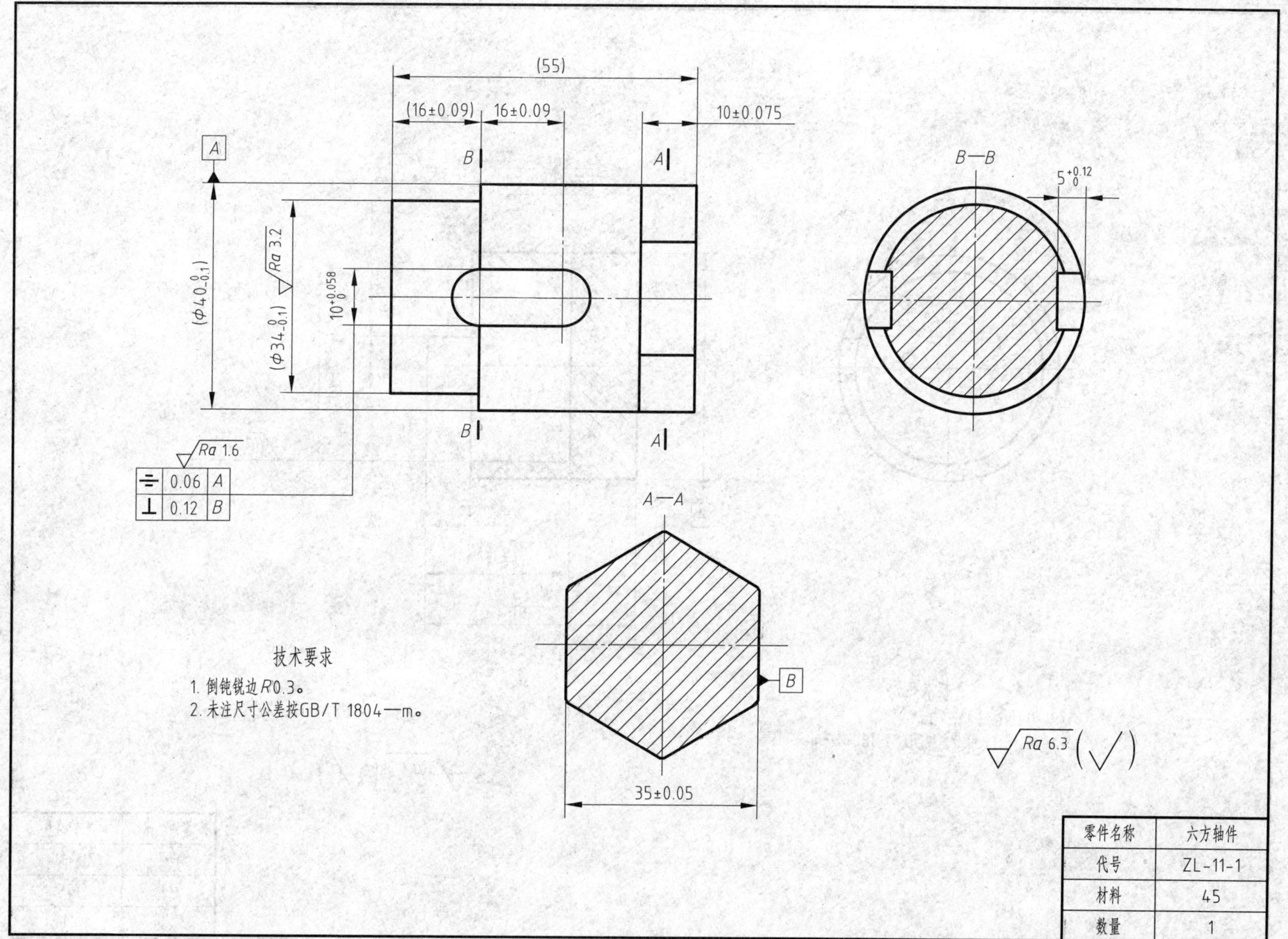

技术要求

1. 倒钝锐边R0.3。
2. 未注尺寸公差按GB/T 1804—m。

零件名称	六方轴件
代号	ZL-11-1
材料	45
数量	1

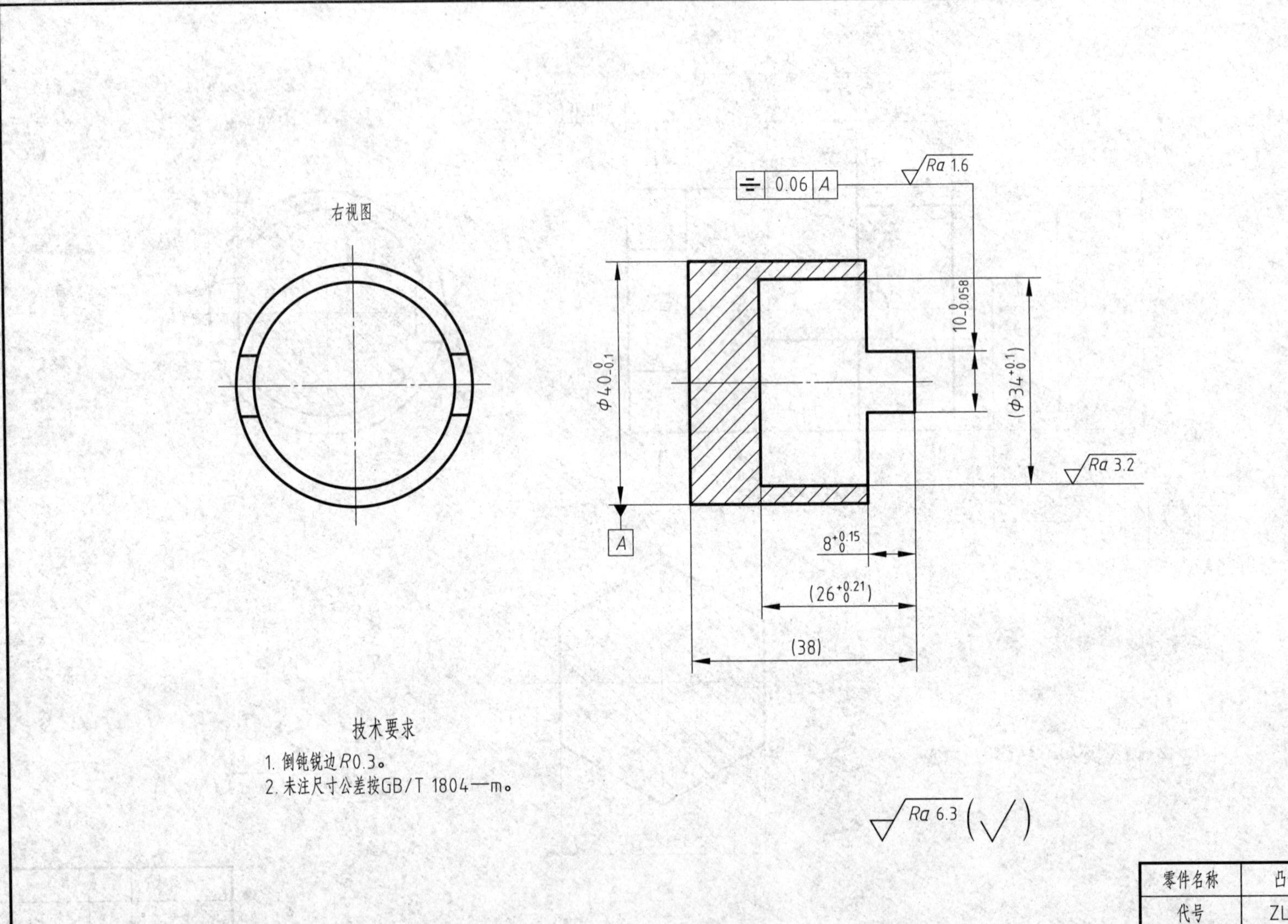

零件名称	凸键合块
代号	ZL-11-2
材料	45
数量	1

十二、铣圆柱孔组件

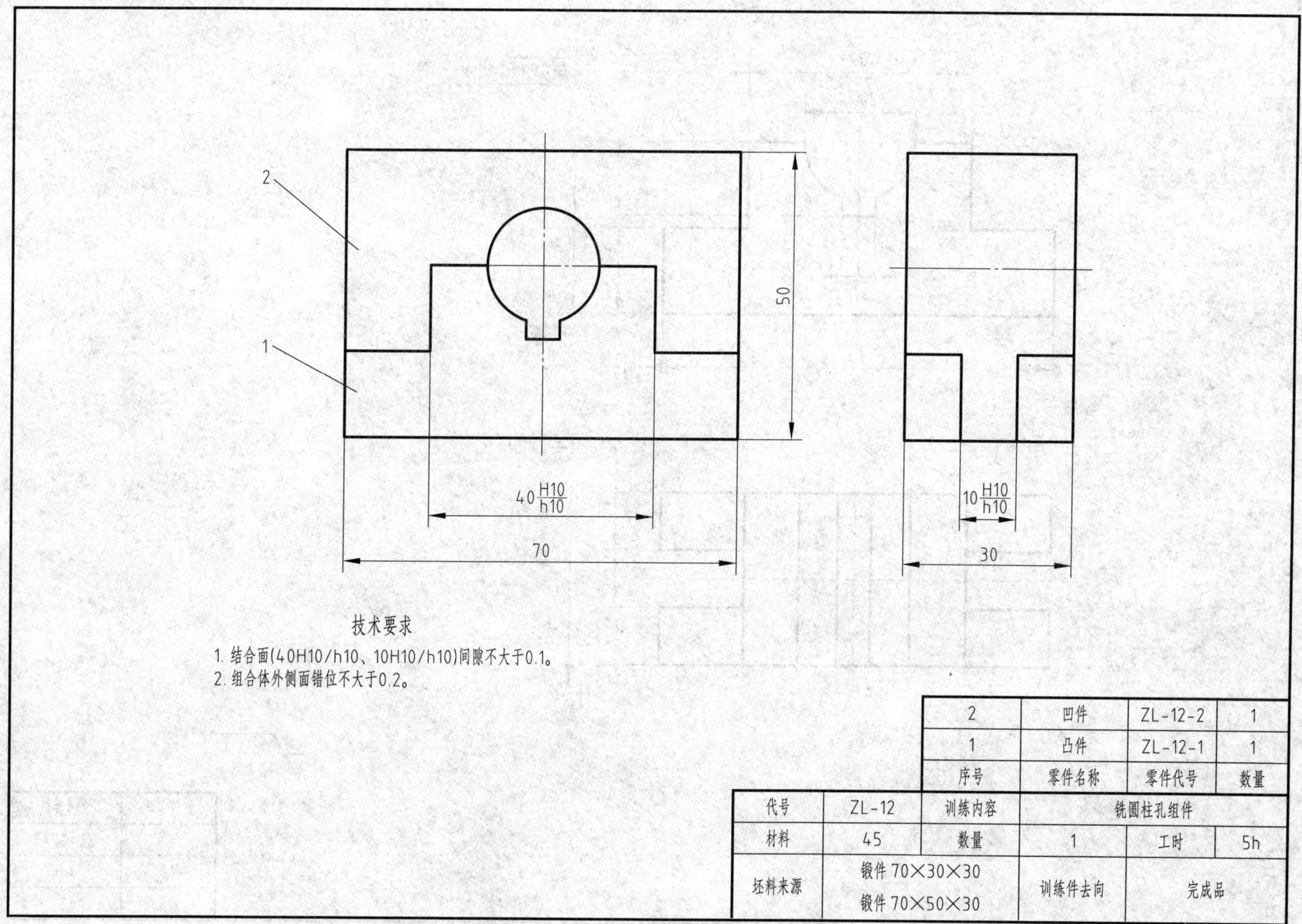

技术要求

1. 结合面(40H10/h10、10H10/h10)间隙不大于0.1。
2. 组合体外侧面错位不大于0.2。

序号	零件名称	零件代号	数量
2	凹件	ZL-12-2	1
1	凸件	ZL-12-1	1

代号	ZL-12	训练内容	铣圆柱孔组件		
材料	45	数量	1	工时	5h
坯料来源	锻件 70×30×30 锻件 70×50×30	训练件去向	完成品		

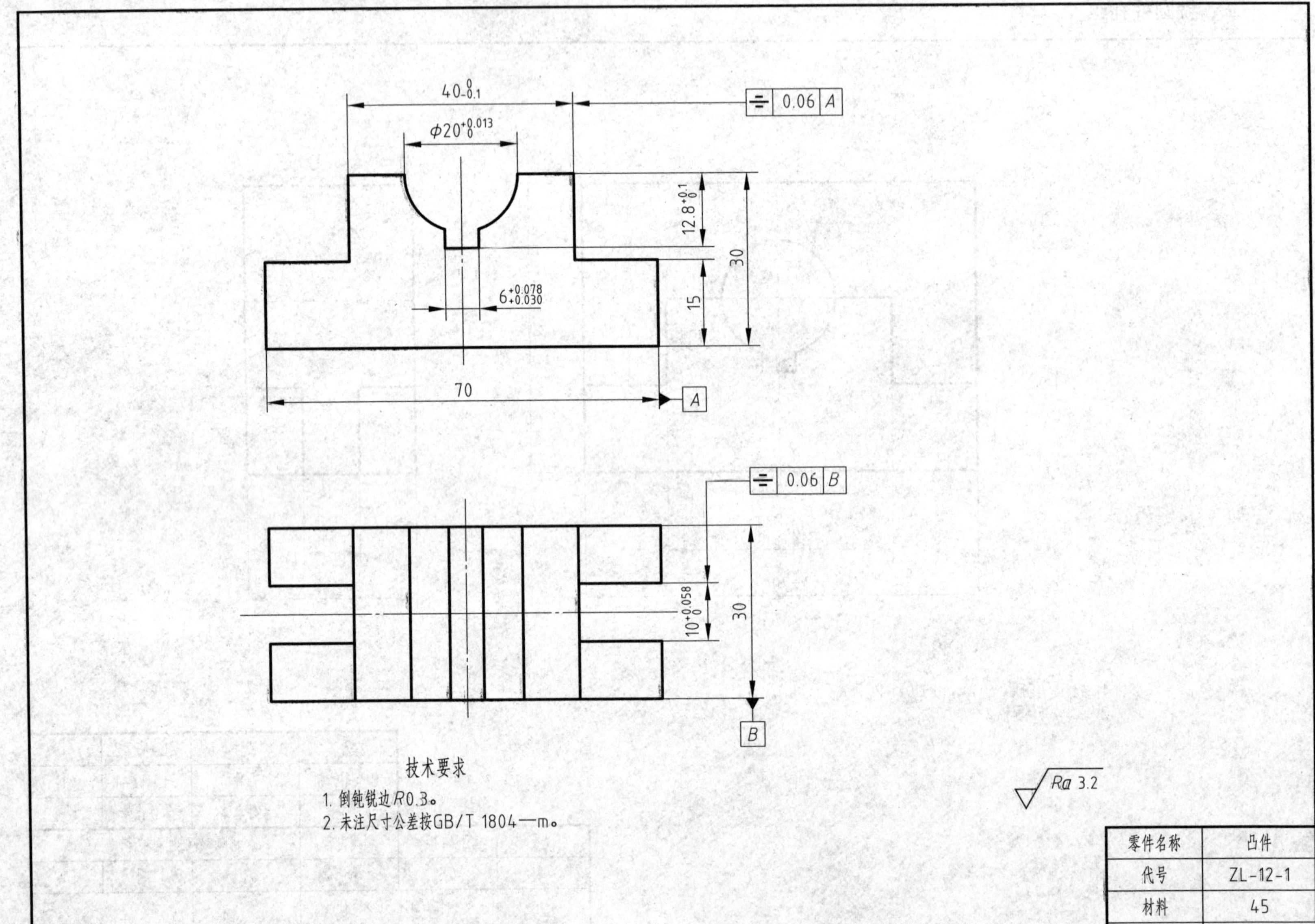

零件名称	凸件
代号	ZL-12-1
材料	45
数量	1

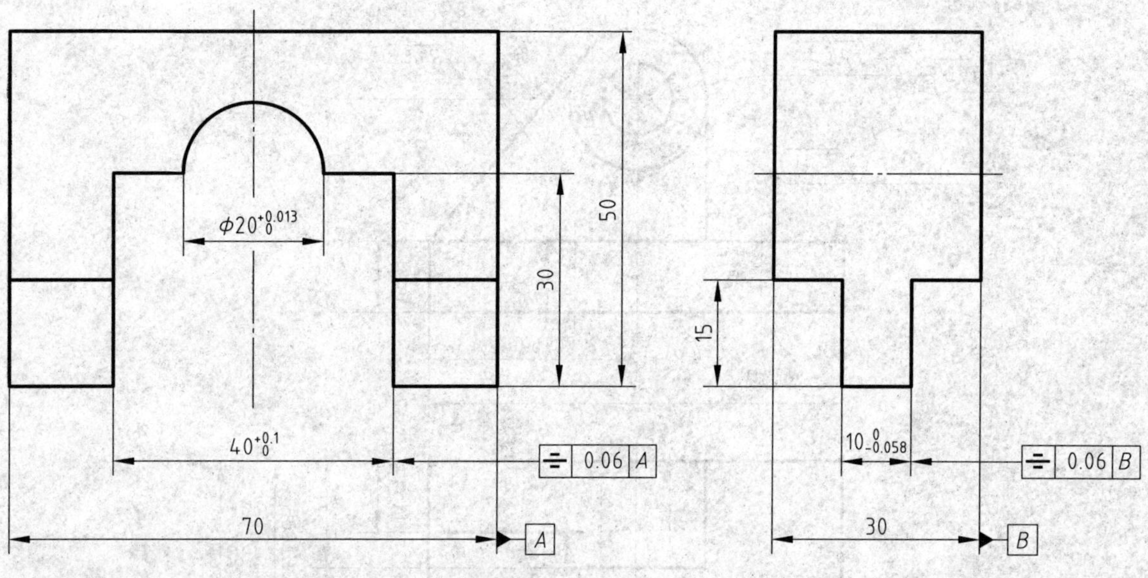

技术要求

1. 倒钝锐边R0.3。
2. 未注尺寸公差按GB/T 1804—m。

$\sqrt{Ra\ 3.2}$

零件名称	凹件
代号	ZL-12-2
材料	45
数量	1

鉴定考核篇

一、中级工职业技能鉴定考核应会试题 1——铣凸耳支座

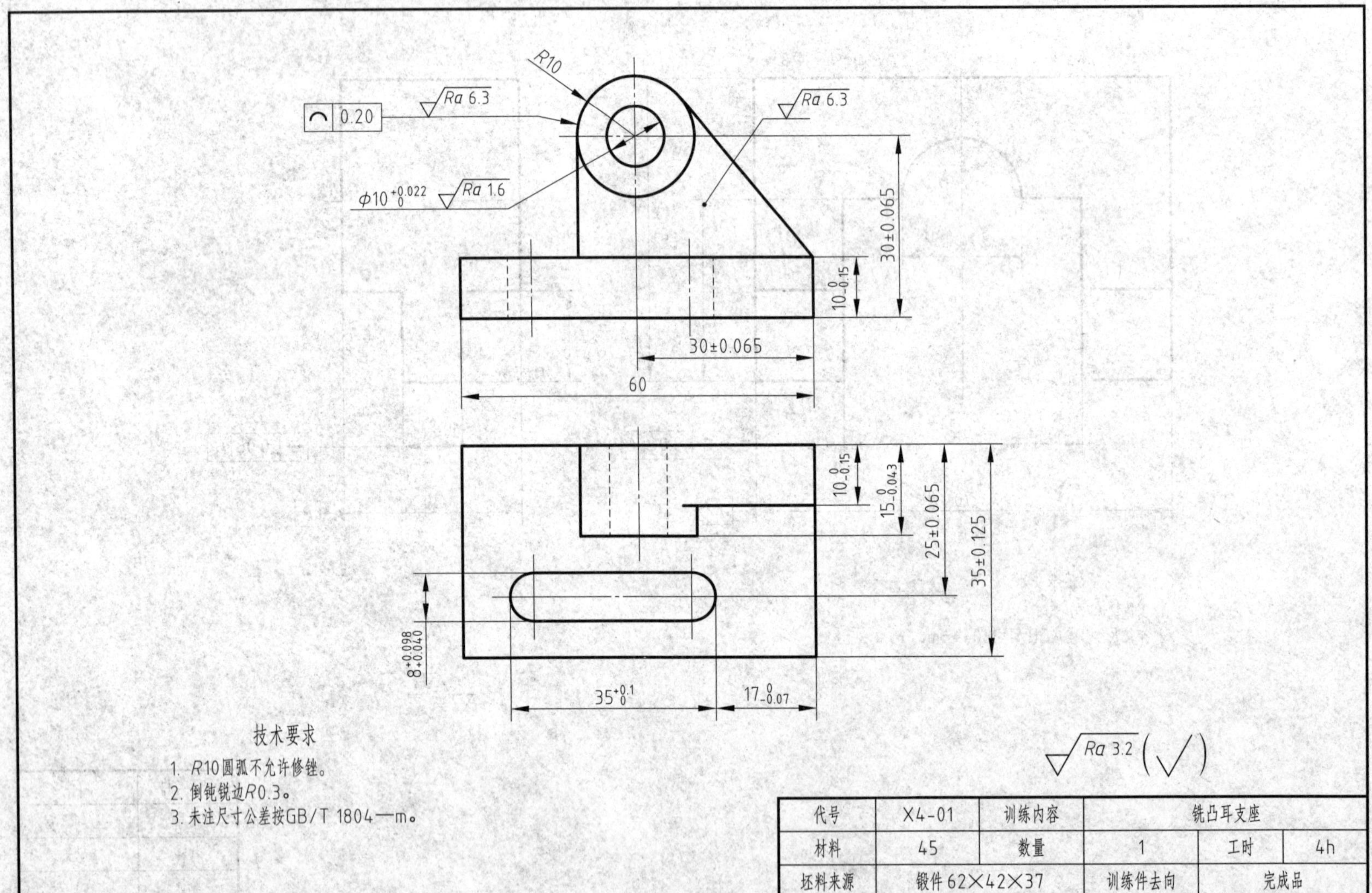

评分表										
考件名称		凸耳支座	代号	X4–01		检测编号		总分		
序号	考核内容	配分	评分标准			量具	检测与考核记录	扣分	得分	
		T，Ra	$\leqslant T$，$>Ra$	$>T$，$\leqslant Ra$	$>T$，$>Ra$					
1	60 mm，Ra3.2 μm	4，1	4	1	0	游标卡尺、表面粗糙度比较样块				
2	（35 ± 0.125）mm，Ra3.2 μm	4，1	4	1	0	游标卡尺、表面粗糙度比较样块				
3	$\phi 10^{+0.022}_{0}$ mm，Ra1.6 μm	10，2	10	2	0	塞规、表面粗糙度比较样块				
4	（30 ± 0.065）mm（2 处）	12	12	0	0	量棒、量块、百分表				
5	R10 mm，线轮廓度公差 0.20 mm	14	14	0	0	半径样板				
6	$15^{0}_{-0.043}$ mm，Ra3.2 μm	10，1	10	1	0	外径千分尺、表面粗糙度比较样块				
7	$10^{0}_{-0.15}$ mm，Ra6.3 μm	4，1	4	1	0	游标卡尺、表面粗糙度比较样块				
8	$10^{0}_{-0.15}$ mm，Ra3.2 μm	4，2	4	2	0	游标卡尺、表面粗糙度比较样块				
9	$8^{+0.098}_{+0.040}$ mm，Ra3.2 μm	10，2	10	2	0	塞规、表面粗糙度比较样块				
10	（25 ± 0.065）mm	6	6	0	0	游标卡尺				
11	$35^{+0.1}_{0}$ mm	6	6	0	0	游标卡尺				
12	$17^{0}_{-0.07}$ mm	6	6	0	0	游标卡尺				
13	未列入尺寸及表面粗糙度值		每超差一处扣 1 分			游标卡尺、表面粗糙度比较样块				
14	外观		毛刺、损伤、畸形等扣 1 ~ 5 分			目测				
			未加工或严重畸形另扣 5 分							
15	安全文明生产		酌情扣 1 ~ 5 分，严重者扣 10 分			现场记录				
合计		100								
备注										

二、中级工职业技能鉴定考核应会试题 2——铣升降 V 形支座

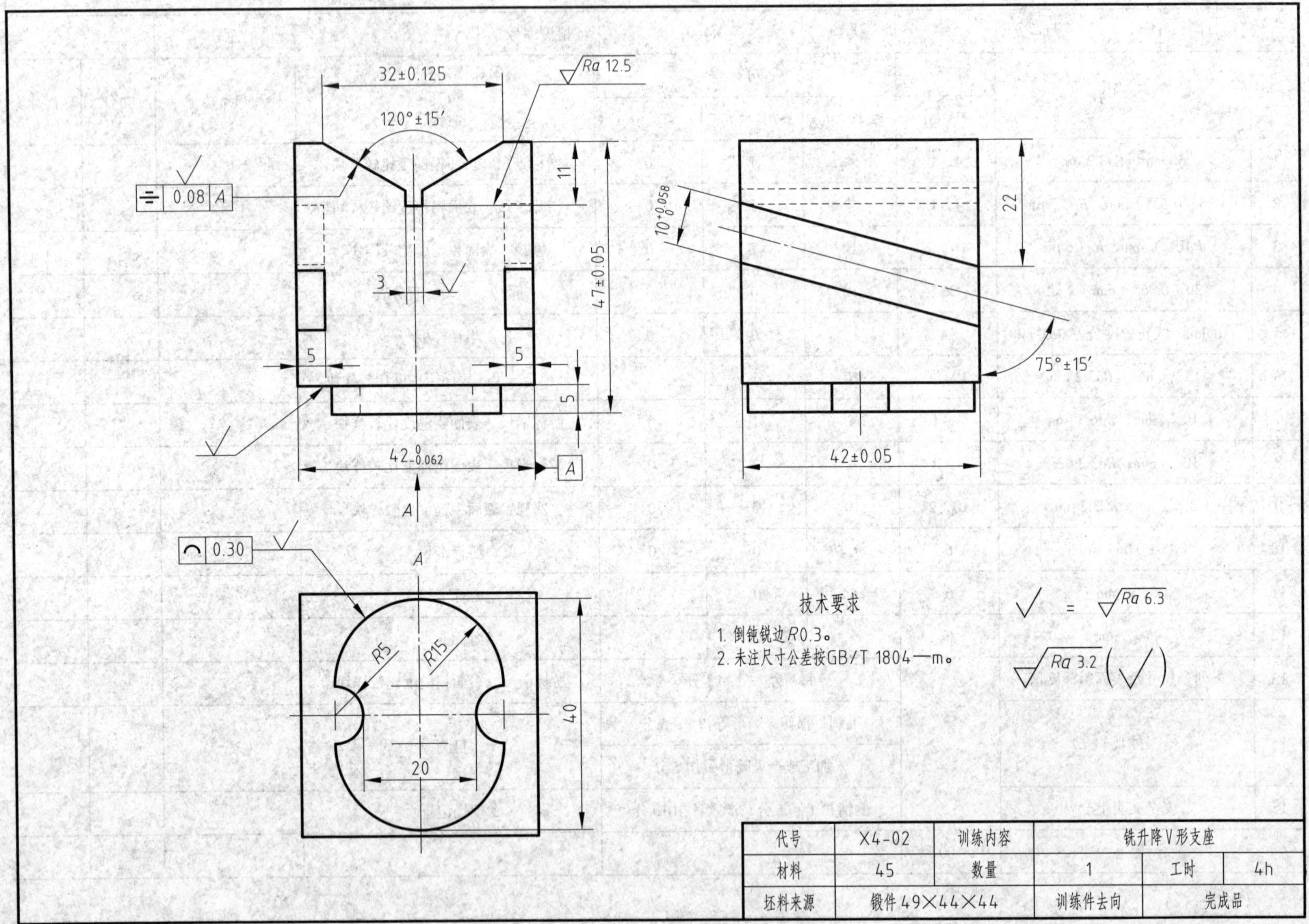

代号	X4-02	训练内容	铣升降V形支座		
材料	45	数量	1	工时	4h
坯料来源	锻件 49×44×44		训练件去向	完成品	

评 分 表									
考件名称	升降 V 形支座		代号	X4–02	检测编号		总分		
序号	考核内容	配分	评分标准			量具	检测与考核记录	扣分	得分
		T，*Ra*	≤ *T*，>*Ra*	>*T*，≤ *Ra*	>*T*，>*Ra*				
1	（42 ± 0.05）mm，*Ra*3.2 μm	6，2	6	2	0	游标卡尺、表面粗糙度比较样块			
2	$42_{-0.062}^{0}$ mm，*Ra*3.2 μm	10，2	8	2	0	外径千分尺、表面粗糙度比较样块			
3	（47 ± 0.05）mm，*Ra*3.2 μm	6，2	6	2	0	游标卡尺、表面粗糙度比较样块			
4	32 ± 0.125 mm	4	4	0	0	游标卡尺			
5	120° ± 15′	8	8	0	0	万能角度尺			
6	11 mm	2	2	0	0	游标卡尺			
7	3 mm	2	2	0	0	游标卡尺			
8	22 mm（2 处）	4	4	0	0	游标卡尺			
9	75° ± 15′	10	10	0	0	万能角度尺			
10	$10_{0}^{+0.058}$ mm，*Ra*3.2 μm（2 处）	12，2	12	2	0	塞规、表面粗糙度比较样块			
11	5 mm（2 处）	4	4	0	0	游标卡尺			
12	5 mm	2	2	0	0	游标卡尺			
13	20 mm	3	3	0	0	游标卡尺			
14	40 mm	3	3	0	0	游标卡尺			
15	*R*5 mm，线轮廓度公差 0.30 mm	5	5	0	0	半径样板			
16	*R*15 mm，线轮廓度公差 0.30 mm	5	5	0	0	半径样板			
17	对称度公差 0.08 mm	6	6	0	0	杠杆百分表			
18	未列入尺寸及表面粗糙度值		每超差一处扣 1 分			游标卡尺、表面粗糙度比较样块			
19	外观		毛刺、损伤、畸形等扣 1 ~ 5 分			目测			
			未加工或严重畸形另扣 5 分						
20	安全文明生产		酌情扣 1 ~ 5 分，严重者扣 10 分			现场记录			
合计		100							
备注									

三、中级工职业技能鉴定考核应会试题 3——铣限位挡板

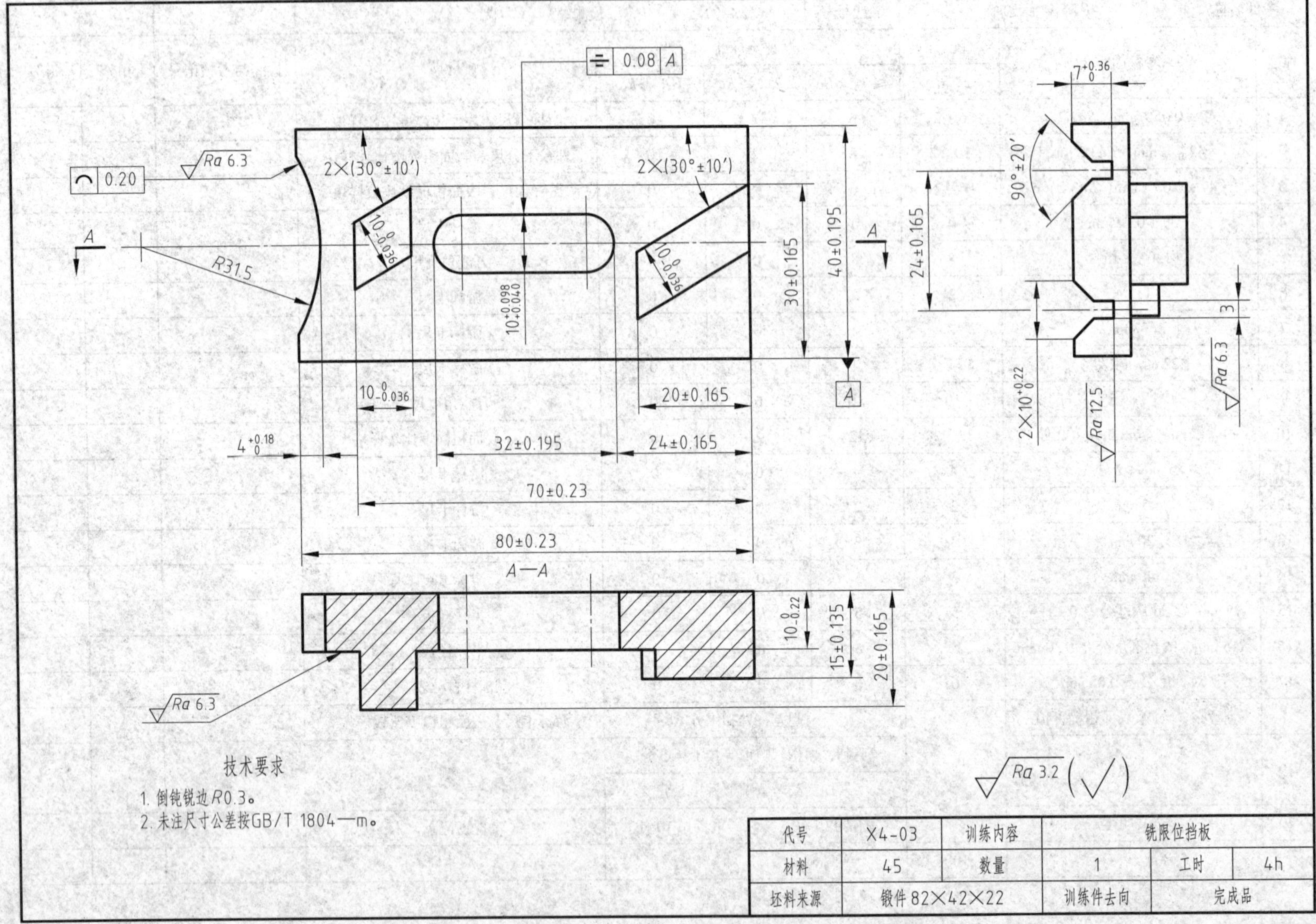

评分表									
考件名称	限位挡板		代号	X4–03	检测编号		总分		
序号	考核内容	配分	评分标准			量具	检测与考核记录	扣分	得分
		T，Ra	≤ T，>Ra	>T，≤ Ra	>T，>Ra				
1	（80 ± 0.23）mm	6	6	0	0	游标卡尺			
2	（40 ± 0.195）mm	6	6	0	0	游标卡尺			
3	（20 ± 0.165）mm，*Ra*6.3 μm	5，1	5	1	0	游标卡尺、表面粗糙度比较样块			
4	$10_{-0.036}^{0}$ mm（3 处），*Ra*3.2 μm	15，6	15	6	0	外径千分尺、表面粗糙度比较样块			
5	（20 ± 0.165）mm，*Ra*3.2 μm	4，1	4	1	0	游标卡尺、表面粗糙度比较样块			
6	（30 ± 0.165）mm	4	4	0	0	游标卡尺			
7	30° ± 10′（4 处）	8	8	0	0	万能角度尺			
8	（24 ± 0.165）mm	2	2	0	0	游标卡尺			
9	（32 ± 0.195）mm	2	2	0	0	游标卡尺			
10	$10_{+0.040}^{+0.098}$ mm，*Ra*3.2 μm	6，4	6	4	0	游标卡尺、表面粗糙度比较样块			
11	对称度公差 0.08 mm	6	6	0	0	杠杆百分表			
12	（15 ± 0.135）mm	2	2	0	0	游标卡尺			
13	$10_{-0.22}^{0}$ mm	2	2	0	0	游标卡尺			
14	$10_{0}^{+0.22}$ mm（2 处）	4	4	0	0	游标卡尺			
15	（24 ± 0.165）mm	2	2	0	0	游标卡尺			
16	90° ± 20′（2 处）	6	6	0	0	万能角度尺			
17	$4_{0}^{+0.18}$ mm	2	2	0	0	深度游标卡尺			
18	*R*31.5 mm，线轮廓度公差 0.20 mm	6	6	0	0	半径样板			
19	未列入尺寸及表面粗糙度值		每超差一处扣 1 分			游标卡尺、表面粗糙度比较样块			
20	外观		毛刺、损伤、畸形等扣 1 ~ 5 分			目测			
			未加工或严重畸形另扣 5 分						
21	安全文明生产		酌情扣 1 ~ 5 分，严重者扣 10 分			现场记录			
合计		100							
备注									

四、中级工职业技能鉴定考核应会试题 4——铣十字槽底板

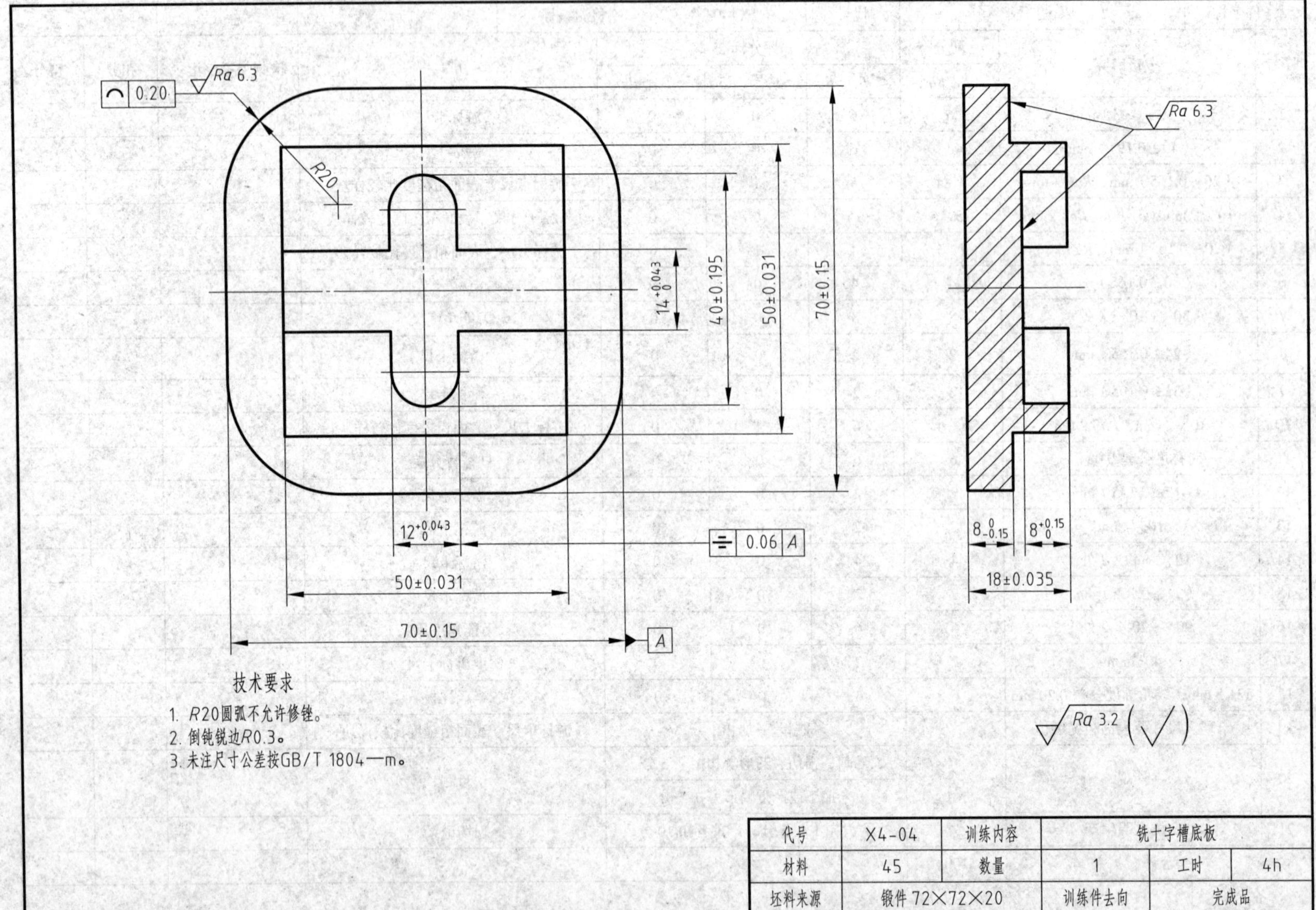

代号	X4-04	训练内容	铣十字槽底板		
材料	45	数量	1	工时	4h
坯料来源	锻件 72×72×20		训练件去向	完成品	

<table>
<tr><th colspan="10">评 分 表</th></tr>
<tr><td>考件名称</td><td colspan="2">十字槽底板</td><td>代号</td><td>X4–04</td><td>检测编号</td><td></td><td>总分</td><td colspan="2"></td></tr>
<tr><td rowspan="2">序号</td><td rowspan="2">考核内容</td><td>配分</td><td colspan="3">评分标准</td><td rowspan="2">量具</td><td rowspan="2">检测与考核记录</td><td rowspan="2">扣分</td><td rowspan="2">得分</td></tr>
<tr><td>T，Ra</td><td>≤ T，>Ra</td><td>>T，≤ Ra</td><td>>T，>Ra</td></tr>
<tr><td>1</td><td>（70 ± 0.15）mm（2 处），Ra6.3 μm</td><td>8，2</td><td>8</td><td>2</td><td>0</td><td>游标卡尺、表面粗糙度比较样块</td><td></td><td></td><td></td></tr>
<tr><td>2</td><td>（18 ± 0.035）mm，Ra3.2 μm</td><td>10，2</td><td>10</td><td>2</td><td>0</td><td>外径千分尺、表面粗糙度比较样块</td><td></td><td></td><td></td></tr>
<tr><td>3</td><td>R20 mm（4 处），线轮廓度公差 0.20 mm</td><td>12</td><td>12</td><td>0</td><td>0</td><td>半径样板</td><td></td><td></td><td></td></tr>
<tr><td>4</td><td>（50 ± 0.031）mm（2 处），Ra3.2 μm</td><td>16，4</td><td>16</td><td>4</td><td>0</td><td>外径千分尺、表面粗糙度比较样块</td><td></td><td></td><td></td></tr>
<tr><td>5</td><td>$8_{-0.15}^{0}$ mm</td><td>5</td><td>5</td><td>0</td><td>0</td><td>游标卡尺</td><td></td><td></td><td></td></tr>
<tr><td>6</td><td>$8_{0}^{+0.15}$ mm</td><td>5</td><td>5</td><td>0</td><td>0</td><td>游标卡尺</td><td></td><td></td><td></td></tr>
<tr><td>7</td><td>$12_{0}^{+0.043}$ mm，Ra3.2 μm</td><td>10，2</td><td>10</td><td>2</td><td>0</td><td>塞规、表面粗糙度比较样块</td><td></td><td></td><td></td></tr>
<tr><td>8</td><td>$14_{0}^{+0.043}$ mm，Ra3.2 μm</td><td>10，2</td><td>10</td><td>2</td><td>0</td><td>塞规、表面粗糙度比较样块</td><td></td><td></td><td></td></tr>
<tr><td>9</td><td>（40 ± 0.195）mm</td><td>6</td><td>6</td><td>0</td><td>0</td><td>游标卡尺</td><td></td><td></td><td></td></tr>
<tr><td>10</td><td>对称度公差 0.06 mm</td><td>6</td><td>6</td><td>0</td><td>0</td><td>杠杆百分表</td><td></td><td></td><td></td></tr>
<tr><td>11</td><td>未列入尺寸及表面粗糙度值</td><td rowspan="4"></td><td colspan="3">每超差一处扣 1 分</td><td>游标卡尺、表面粗糙度比较样块</td><td></td><td></td><td></td></tr>
<tr><td rowspan="2">12</td><td rowspan="2">外观</td><td colspan="3">毛刺、损伤、畸形等扣 1 ~ 5 分</td><td rowspan="2">目测</td><td rowspan="2"></td><td rowspan="2"></td><td rowspan="2"></td></tr>
<tr><td colspan="3">未加工或严重畸形另扣 5 分</td></tr>
<tr><td>13</td><td>安全文明生产</td><td colspan="3">酌情扣 1 ~ 5 分，严重者扣 10 分</td><td>现场记录</td><td></td><td></td><td></td></tr>
<tr><td colspan="2">合计</td><td>100</td><td colspan="3"></td><td></td><td></td><td></td><td></td></tr>
<tr><td>备注</td><td colspan="9"></td></tr>
</table>

五、中级工职业技能鉴定考核应会试题 5——铣手柄轴

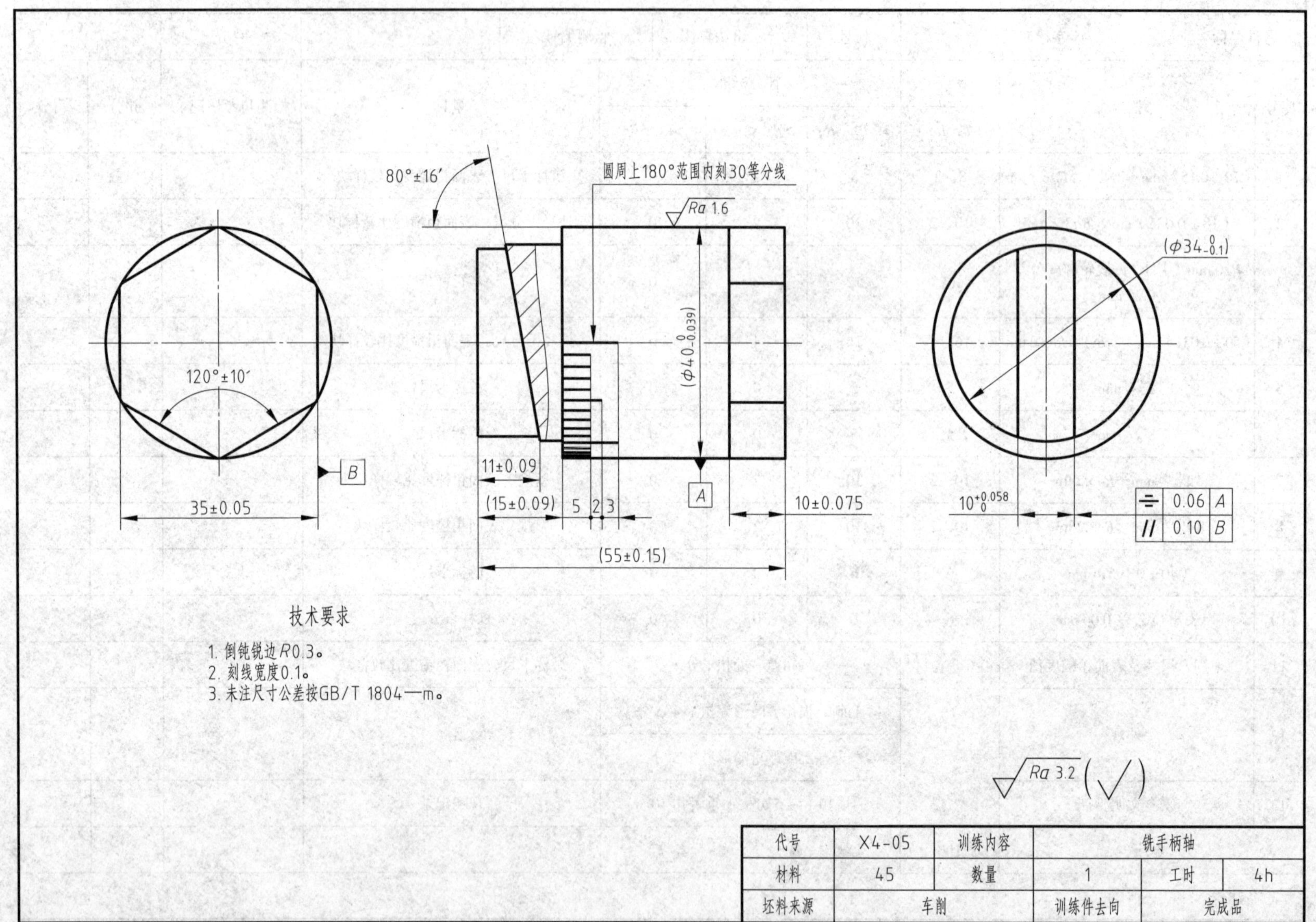

技术要求

1. 倒钝锐边R0.3。
2. 刻线宽度0.1。
3. 未注尺寸公差按GB/T 1804—m。

代号	X4-05	训练内容	铣手柄轴		
材料	45	数量	1	工时	4h
坯料来源	车削		训练件去向	完成品	

评　分　表									
考件名称	手柄轴	代号	X4–05	检测编号			总分		
序号	考核内容	配分	评分标准			量具	检测与考核记录	扣分	得分
		T，Ra	≤ T，>Ra	>T，≤ Ra	>T，>Ra				
1	$\phi 34_{-0.1}^{0}$ mm	10	10	0	0	游标卡尺			
2	（15 ± 0.09）mm	4	4	0	0	游标卡尺			
3	$10_{0}^{+0.058}$ mm，Ra3.2 μm	12，2	12	2	0	塞规、表面粗糙度比较样块			
4	（11 ± 0.09）mm	4	4	0	0	游标卡尺			
5	80° ± 16′，Ra3.2 μm	9，1	9	1	0	万能角度尺、表面粗糙度比较样块			
6	对称度公差 0.06 mm	8	8	0	0	杠杆百分表			
7	平行度公差 0.1 mm	6	6	0	0	杠杆百分表			
8	圆周上 180°范围内刻 30 等分线	8	8	0	0	游标卡尺			
9	刻线长 5 mm，7 mm，10 mm	8	8	0	0	游标卡尺			
10	（35 ± 0.05）mm，Ra3.2 μm	9，6	9	6	0	外径千分尺、表面粗糙度比较样块			
11	120° ± 10′	9	9	0	0	万能角度尺			
12	（10 ± 0.075）mm	4	4	0	0	游标卡尺			
13	未列入尺寸及表面粗糙度值		每超差一处			游标卡尺、表面粗糙度比较样块			
14	外观		毛刺、损伤、畸形等扣 1 ~ 5 分			目测			
			未加工或严重畸形另扣 5 分						
15	安全文明生产		酌情扣 1 ~ 5 分，严重者扣 10 分			现场记录			
合计		100							
备注									

六、中级工职业技能鉴定考核应会试题 6——铣圆弧槽支座

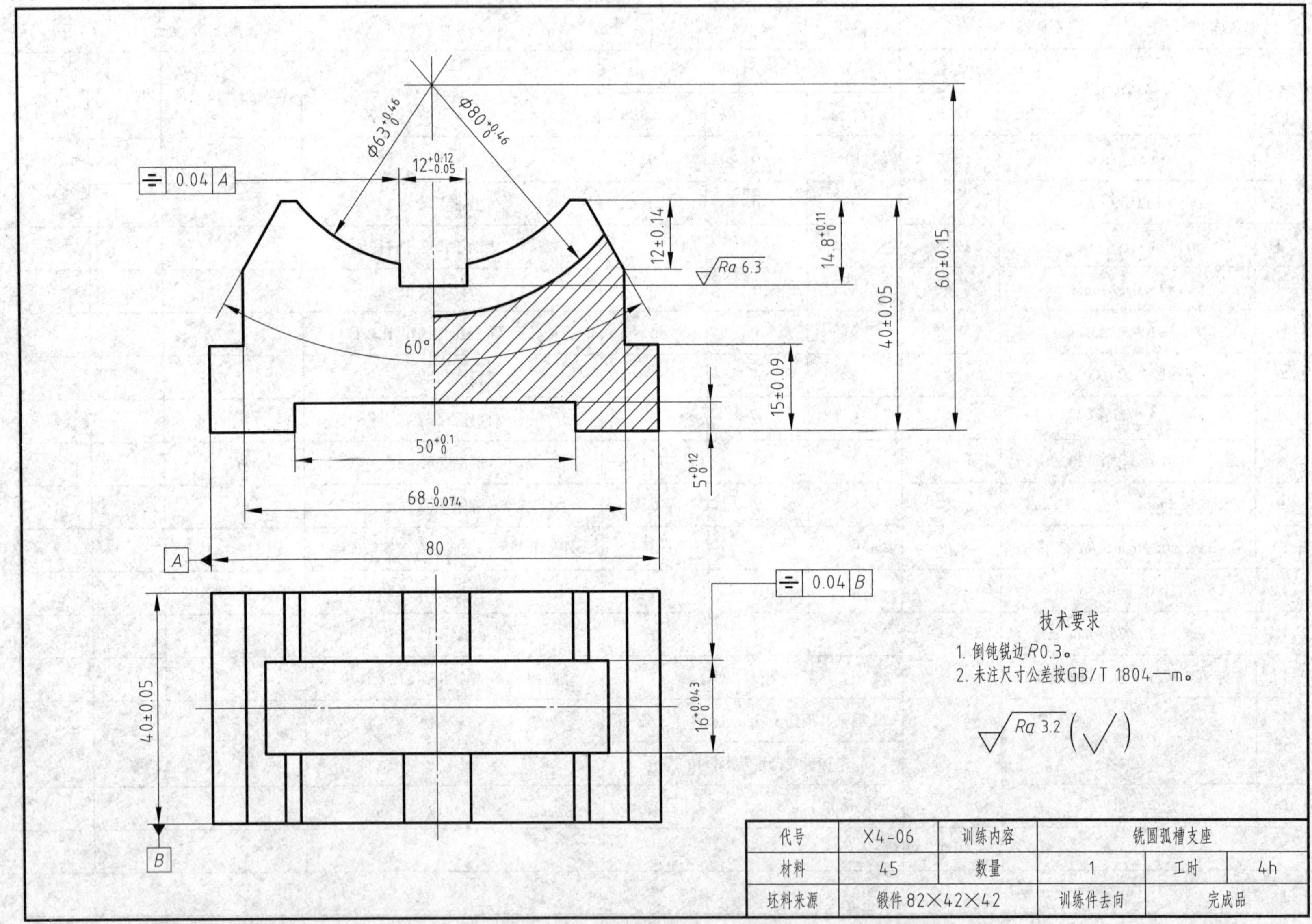

代号	X4-06	训练内容	铣圆弧槽支座		
材料	45	数量	1	工时	4h
坯料来源	锻件 82×42×42		训练件去向	完成品	

评 分 表									
考件名称	圆弧槽支座		代号	X4–06	检测编号		总分		
序号	考核内容	配分	评分标准			量具	检测与考核记录	扣分	得分
		T，Ra	≤ T，>Ra	>T，≤ Ra	>T，>Ra				
1	80 mm，Ra3.2 μm	4，1	4	1	0	游标卡尺、表面粗糙度比较样块			
2	（40 ± 0.05）mm，Ra3.2 μm	4，1	4	1	0	外径千分尺、表面粗糙度比较样块			
3	（40 ± 0.05）mm，Ra3.2 μm	4，1	4	1	0	外径千分尺、表面粗糙度比较样块			
4	$68_{-0.074}^{0}$ mm，Ra3.2 μm	10，2	10	2	0	外径千分尺、表面粗糙度比较样块			
5	（15 ± 0.09）mm（2 处）	8	8	0	0	外径千分尺			
6	$50_{0}^{+0.1}$ mm，Ra3.2 μm	4，1	4	1	0	游标卡尺、表面粗糙度比较样块			
7	$5_{0}^{+0.12}$ mm	4	4	0	0	游标卡尺			
8	$\phi 63_{0}^{+0.46}$ mm，Ra3.2 μm	6，1	6	1	0	半径样板、表面粗糙度比较样块			
9	$\phi 80_{0}^{+0.46}$ mm，Ra3.2 μm	6，1	6	1	0	半径样板、表面粗糙度比较样块			
10	（60 ± 0.15）mm	4	4	0	0	游标卡尺			
11	$16_{0}^{+0.043}$ mm，Ra3.2 μm	10，1	10	1	0	塞规、表面粗糙度比较样块			
12	对称度公差 0.04 mm	6	6	0	0	杠杆百分表			
13	$12_{-0.05}^{+0.12}$ mm，Ra3.2 μm	6，1	6	1	0	塞规、表面粗糙度比较样块			
14	$14.8_{0}^{+0.11}$ mm	2	2	0	0	深度游标卡尺			
15	对称度公差 0.04 mm（2 处）	6	6	0	0	杠杆百分表			
16	60°	4	4	0	0	万能角度尺			
17	（12 ± 0.14）mm（2 处）	2	2	0	0	游标卡尺			
18	未列入尺寸及表面粗糙度值		每超差一处扣 1 分			游标卡尺、表面粗糙度比较样块			
19	外观		毛刺、损伤、畸形等扣 1 ~ 5 分			目测			
			未加工或严重畸形另扣 5 分						
20	安全文明生产		酌情扣 1 ~ 5 分，严重者扣 10 分			现场记录			
合计		100							
备注									

七、中级工职业技能鉴定考核应会试题 7——铣移动 V 形支座

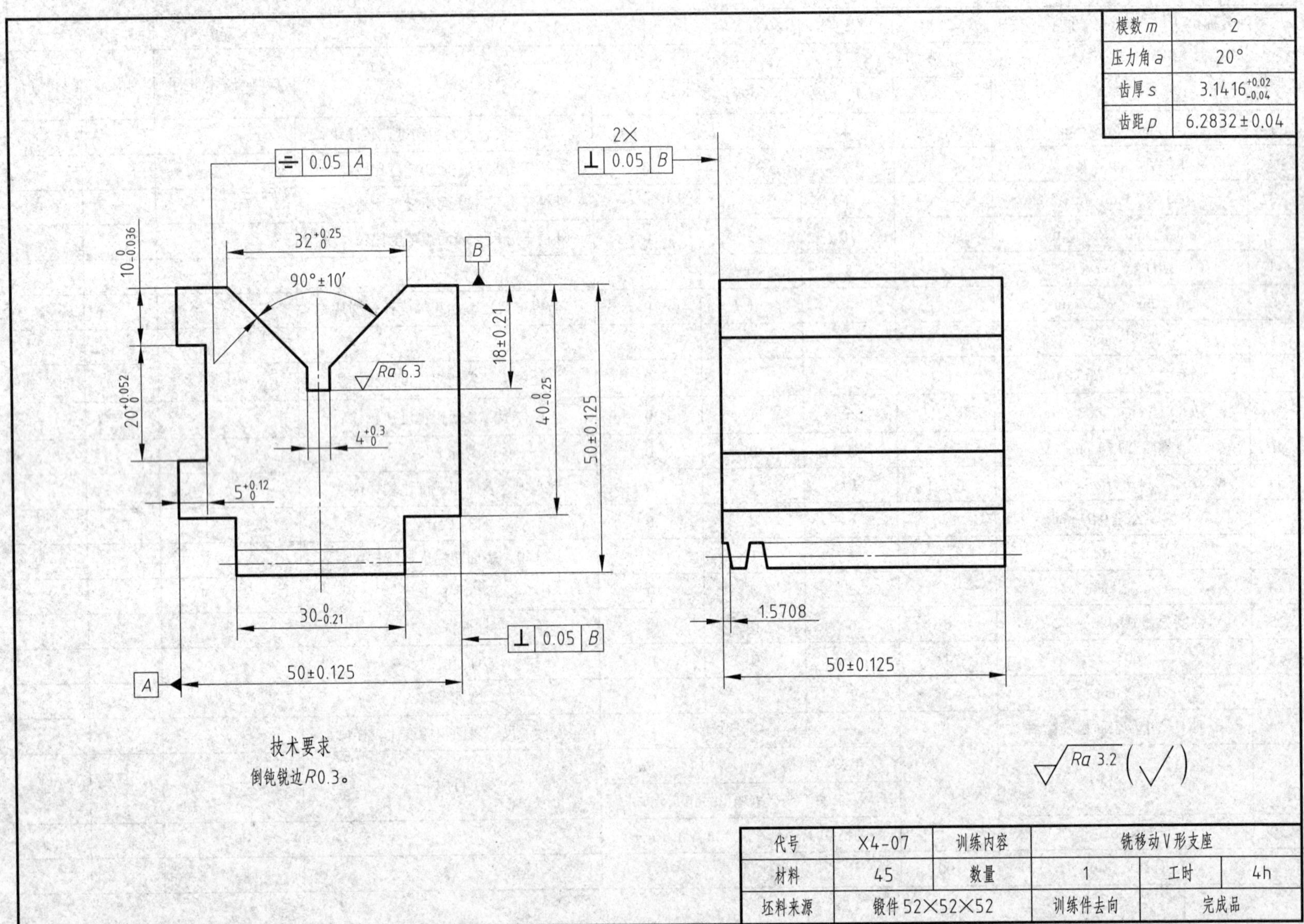

模数 m	2
压力角 a	20°
齿厚 s	$3.1416^{+0.02}_{-0.04}$
齿距 p	6.2832±0.04

代号	X4-07	训练内容	铣移动V形支座		
材料	45	数量	1	工时	4h
坯料来源	锻件52×52×52		训练件去向	完成品	

评　分　表

考件名称	移动 V 形支座		代号	X4–07		检测编号		总分	
序号	考核内容	配分	评分标准			量具	检测与考核记录	扣分	得分
		T，*Ra*	≤ *T*，>*Ra*	>*T*，≤ *Ra*	>*T*，>*Ra*				
1	（50 ± 0.125）mm（3 处）	15	15	0	0	游标卡尺			
2	垂直度公差 0.05 mm（2 处）	8	8	0	0	直角尺、塞尺			
3	90° ± 10′，*Ra*3.2 μm	8，2	8	2	0	万能角度尺、表面粗糙度比较样块			
4	$32^{+0.25}_{0}$ mm	5	5	0	0	游标卡尺			
5	（18 ± 0.21）mm	5	5	0	0	游标卡尺			
6	$4^{+0.3}_{0}$ mm	2	2	0	0	游标卡尺			
7	对称度公差 0.05 mm	6	6	0	0	杠杆百分表			
8	$20^{+0.052}_{0}$ mm，*Ra*3.2 μm	8，2	8	2	0	内径千分尺、表面粗糙度比较样块			
9	$5^{+0.12}_{0}$ mm	5	5	0	0	半径样板			
10	$10^{0}_{-0.036}$ mm	8	8	0	0	外径千分尺			
11	$40^{0}_{-0.25}$ mm	2	2	0	0	游标卡尺			
12	$30^{0}_{-0.21}$ mm	2	2	0	0	游标卡尺			
13	齿厚 $3.141\,6^{+0.02}_{-0.04}$ mm，*Ra*3.2 μm	8，6	8	6	0	齿厚游标卡尺、表面粗糙度比较样块			
14	齿距（6.283 2 ± 0.04）mm	8	8	0	0	齿厚游标卡尺			
15	未列入尺寸及表面粗糙度值		每超差一处扣 1 分			游标卡尺、表面粗糙度比较样块			
16	外观		毛刺、损伤、畸形等扣 1 ~ 5 分			目测			
			未加工或严重畸形另扣 5 分						
17	安全文明生产		酌情扣 1 ~ 5 分，严重者扣 10 分			现场记录			
合计		100							
备注									

八、中级工职业技能鉴定考核应会试题 8——铣配油盘

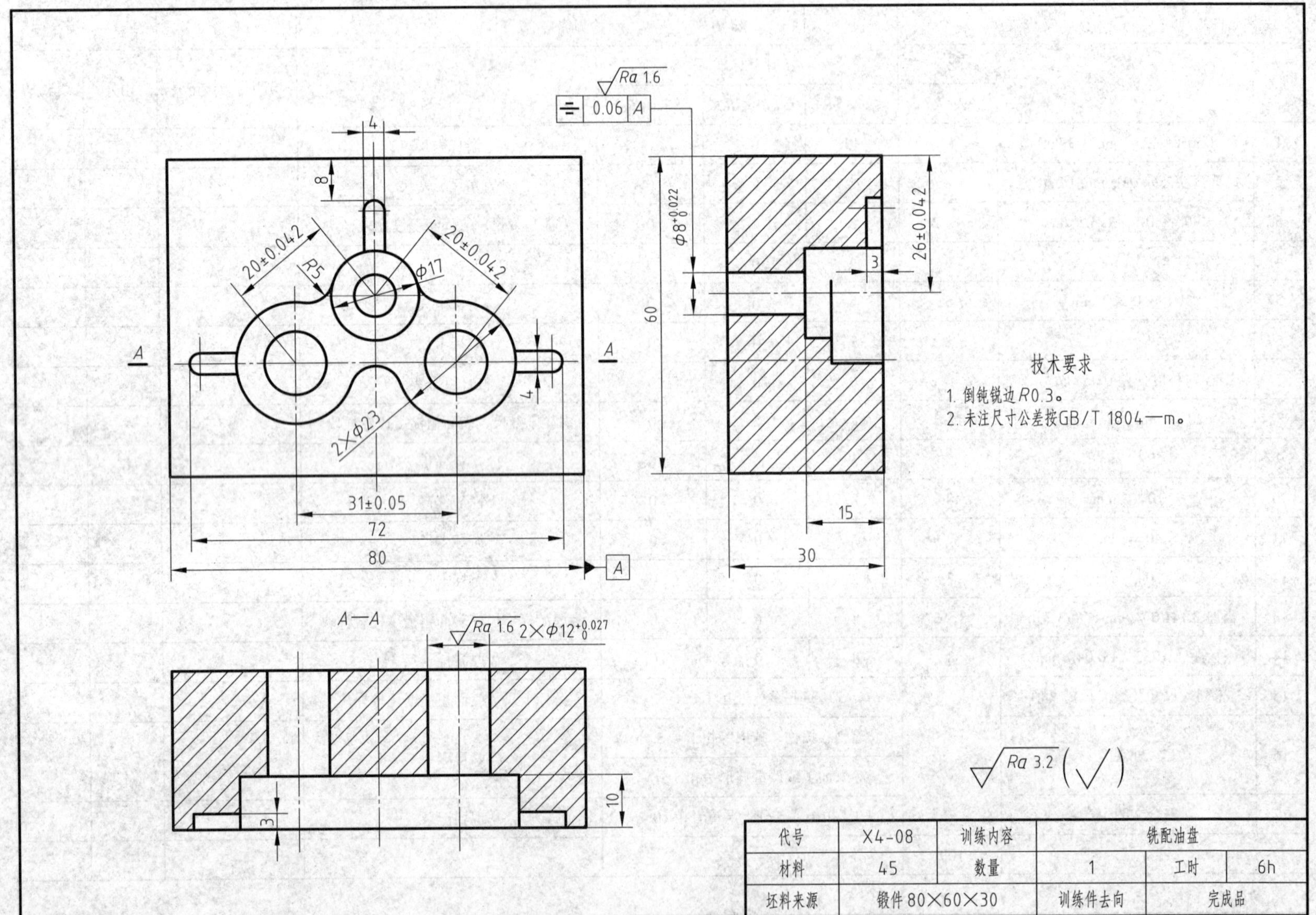

代号	X4-08	训练内容	铣配油盘		
材料	45	数量	1	工时	6h
坯料来源	锻件 80×60×30	训练件去向	完成品		

评 分 表

考件名称	配油盘		代号	X4–08	检测编号		总分	
序号	考核内容	配分	评分标准			量具	检测与考核记录	扣分	得分
		T，Ra	≤ T，> Ra	> T，≤ Ra	> T，> Ra				
1	（26 ± 0.042）mm	8	8	0	0	外径千分尺、量棒			
2	$\phi 8^{+0.022}_{0}$ mm，Ra1.6 μm	6，4	6	4	0	塞规、表面粗糙度比较样块			
3	ϕ17 mm	6	6	0	0	游标卡尺			
4	4 mm	1	1	0	0	游标卡尺			
5	8 mm	2	2	0	0	游标卡尺			
6	3 mm	1	1	0	0	游标卡尺			
7	15 mm	1	1	0	0	游标卡尺			
8	（20 ± 0.042）mm（2 处）	16	16	0	0	外径千分尺、量棒			
9	（31 ± 0.05）mm	8	8	0	0	外径千分尺、量棒			
10	ϕ23 mm（2 处）	12	12	0	0	游标卡尺			
11	$\phi 12^{+0.027}_{0}$ mm（2 处），Ra1.6 μm	12，8	12	8	0	塞规、表面粗糙度比较样块			
12	10 mm	2	2	0	0	游标卡尺			
13	4 mm	2	2	0	0	游标卡尺			
14	3 mm	1	1	0	0	游标卡尺			
15	72 mm	2	2	0	0	游标卡尺			
16	R5 mm	3	3	0	0	半径样板			
17	对称度公差 0.06 mm	5	5	0	0	杠杆百分表			
18	未列入尺寸及表面粗糙度值		每超差一处扣 1 分			游标卡尺、表面粗糙度比较样块			
19	外观		毛刺、损伤、畸形等扣 1 ~ 5 分			目测			
			未加工或严重畸形另扣 5 分						
20	安全文明生产		酌情扣 1 ~ 5 分，严重者扣 10 分			现场记录			
合计		100							
备注									

九、中级工职业技能鉴定考核应会试题9——铣直齿锥齿轮

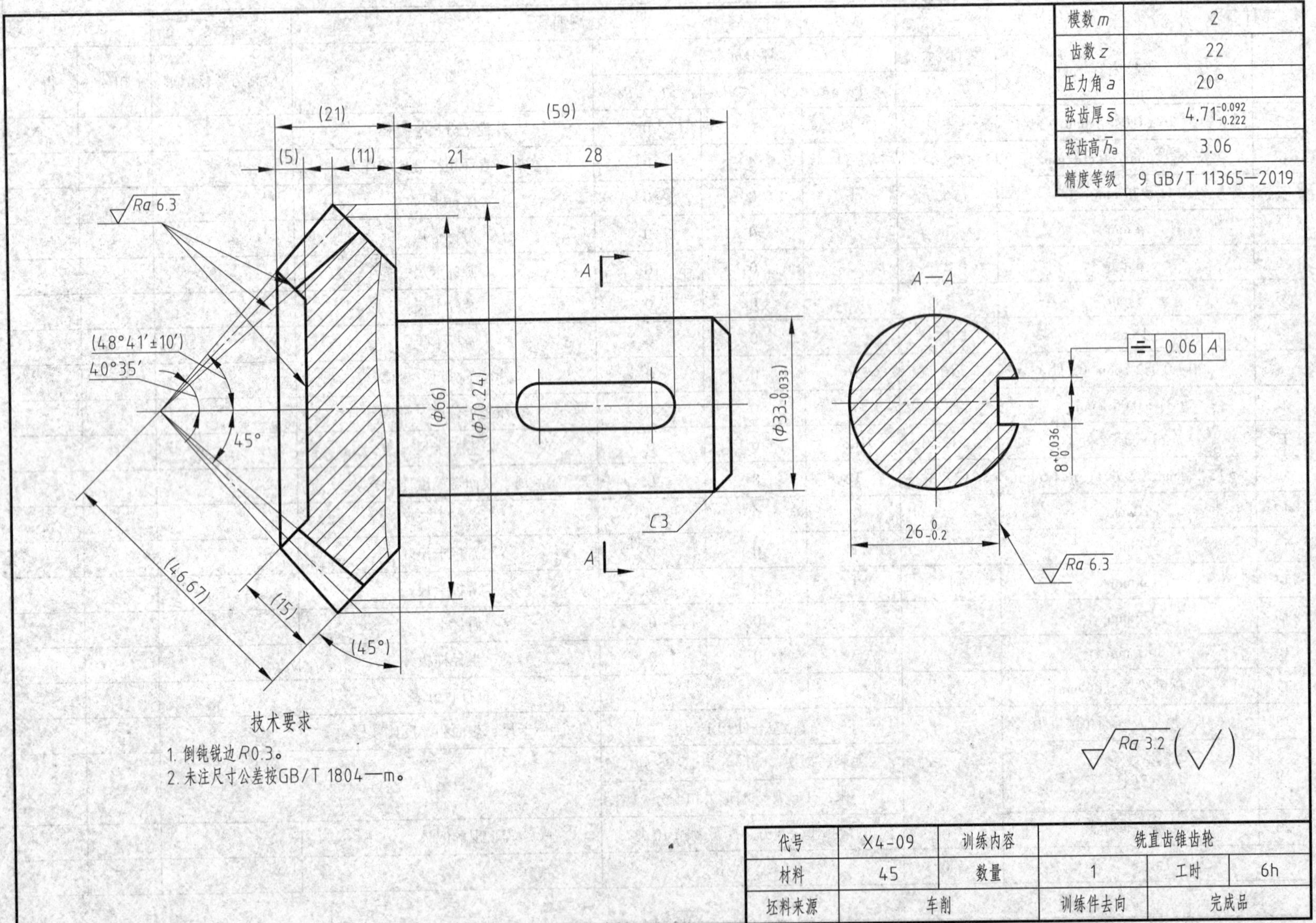

模数 m	2
齿数 z	22
压力角 a	20°
弦齿厚 $\bar{s}$	$4.71_{-0.222}^{-0.092}$
弦齿高 $\bar{h}_a$	3.06
精度等级	9 GB/T 11365—2019

技术要求

1. 倒钝锐边 R0.3。
2. 未注尺寸公差按GB/T 1804—m。

代号	X4-09	训练内容	铣直齿锥齿轮		
材料	45	数量	1	工时	6h
坯料来源	车削		训练件去向	完成品	

评 分 表

考件名称	直齿锥齿轮	代号	X4-09	检测编号			总分		
序号	考核内容	配分	评分标准			量具	检测与考核记录	扣分	得分
		T，*Ra*	≤ *T*，>*Ra*	>*T*，≤ *Ra*	>*T*，>*Ra*				
1	15 mm	3	3	0	0	游标卡尺			
2	11 mm	1	1	0	0	游标卡尺			
3	5 mm，*Ra*3.2 μm	3，2	3	2	0	游标卡尺、表面粗糙度比较样块			
4	弦齿高 3.06 mm	4	4	0	0	游标卡尺			
5	齿数 22	2	2	0	0	目测			
6	弦齿厚$4.71_{-0.222}^{-0.092}$ mm，*Ra*3.2 μm	22，5	22	5	0	齿厚游标卡尺、表面粗糙度比较样块			
7	45°	10	10	0	0	万能角度尺			
8	40° 35′，*Ra*6.3 μm	10，4	8	4	0	万能角度尺			
9	21mm	3	3	0	0	游标卡尺			
10	28mm	3	3	0	0	游标卡尺			
11	$26_{-0.2}^{0}$ mm，*Ra*6.3 μm	8，2	8	2	0	游标卡尺、量块、表面粗糙度比较样块			
12	$8_{0}^{+0.036}$ mm，*Ra*3.2 μm	10，2	10	2	0	塞规、表面粗糙度比较样块			
13	对称度公差 0.06 mm	6	6	0	0	杠杆百分表			
14	未列入尺寸及表面粗糙度值		每超差一处扣 1 分			游标卡尺、表面粗糙度比较样块			
15	外观		毛刺、损伤、畸形等扣 1 ～ 5 分			目测			
			未加工或严重畸形另扣 5 分						
16	安全文明生产		酌情扣 1 ～ 5 分，严重者扣 10 分			现场记录			
合计		100							
备注									

十、中级工职业技能鉴定考核应会试题 10——铣 V 形斜槽组件

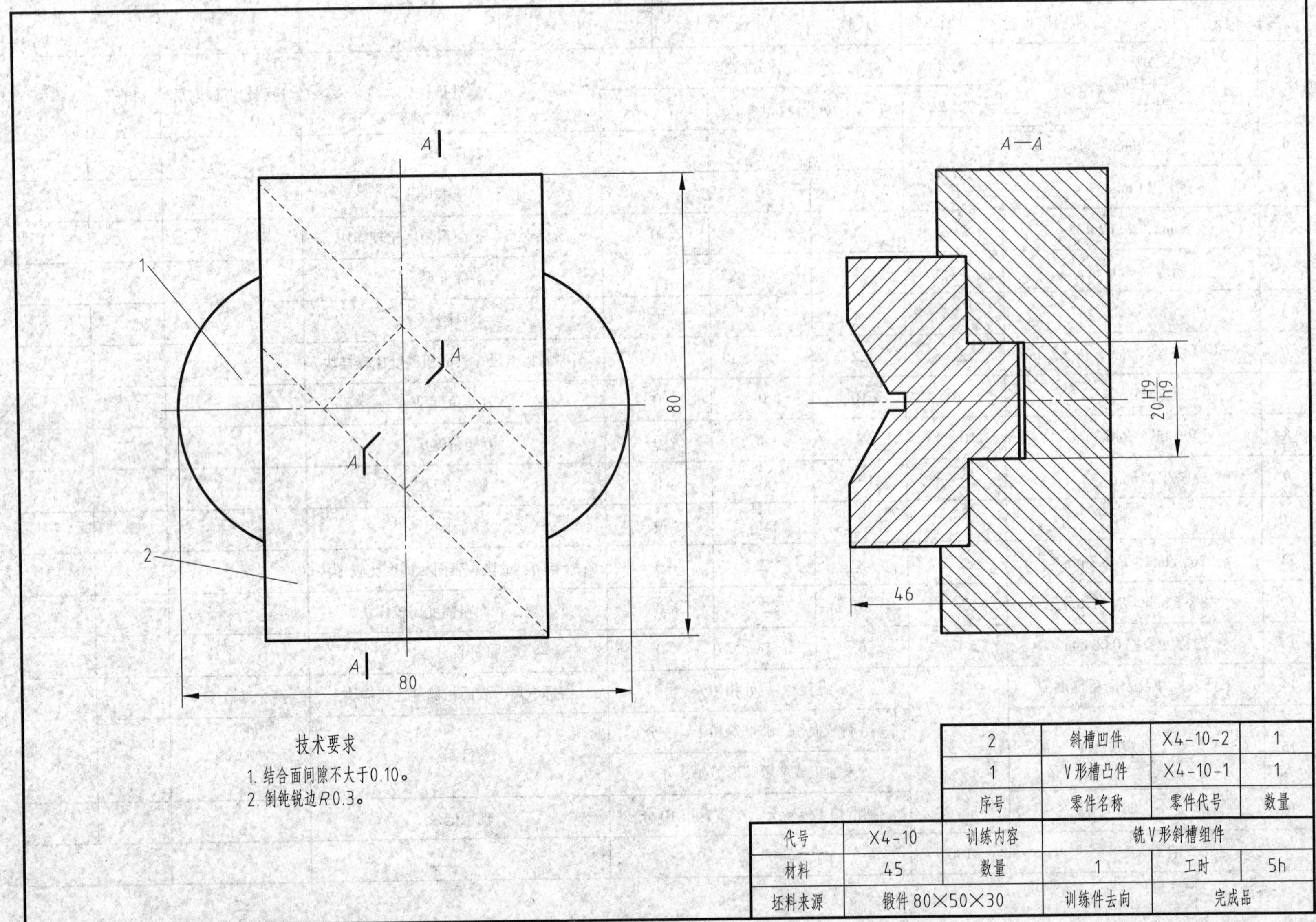

技术要求

1. 结合面间隙不大于0.10。
2. 倒钝锐边R0.3。

2	斜槽凹件	X4-10-2	1
1	V形槽凸件	X4-10-1	1
序号	零件名称	零件代号	数量

代号	X4-10	训练内容	铣V形斜槽组件		
材料	45	数量	1	工时	5h
坯料来源	锻件 80×50×30		训练件去向	完成品	

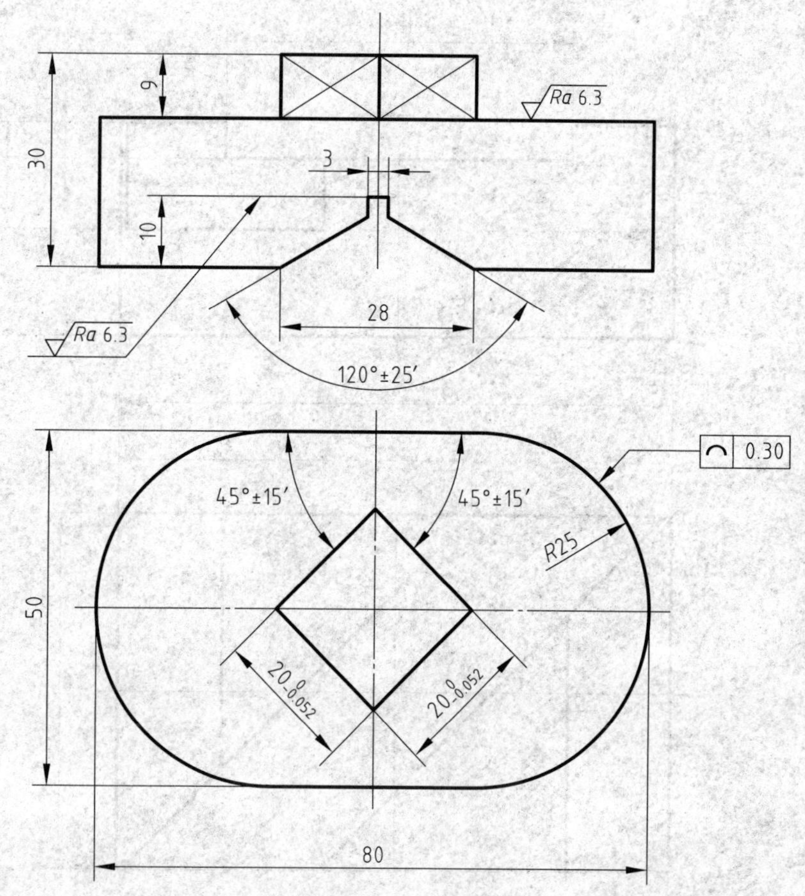

技术要求

1. 倒钝锐边R0.3。
2. 未注尺寸公差按GB/T 1804—m。

Ra 3.2 (√)

零件名称	V形槽凸件
代号	X4-10-1
材料	45
数量	1

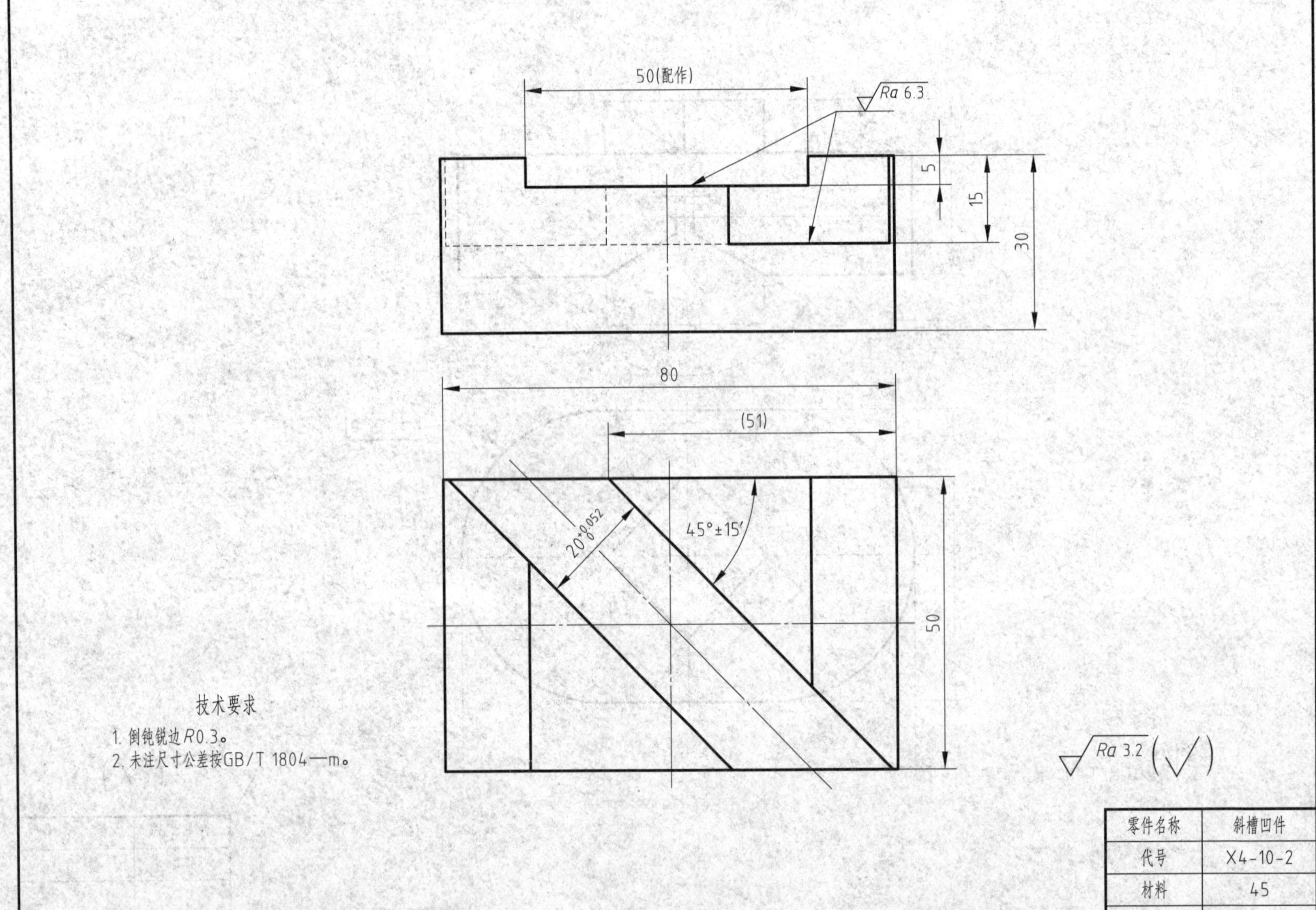
50(配作)
Ra 6.3
5
15
30
80
(51)
$20^{+0.052}_{0}$
45°±15′
50
技术要求
1. 倒钝锐边R0.3。
2. 未注尺寸公差按GB/T 1804—m。
Ra 3.2 (√)
零件名称
斜槽凹件
代号
X4-10-2
材料
45
数量
1

评分表									
考件名称	V 形斜槽组件		代号	X4–10	检测编号		总分		
序号	考核内容	配分	评分标准			量具	检测与考核记录	扣分	得分
		T，Ra	≤ T，> Ra	> T，≤ Ra	> T，> Ra				
1	$20_{-0.052}^{0}$ mm（2 处），Ra3.2 μm	16，4	16	4	0	外径千分尺、表面粗糙度比较样块			
2	45° ± 15′（2 处）	4	4	0	0	万能角度尺			
3	9 mm，Ra6.3 μm	4，1	4	1	0	游标卡尺、表面粗糙度比较样块			
4	120° ± 25′，Ra3.2 μm	4，2	4	2	0	万能角度尺、表面粗糙度比较样块			
5	10 mm，Ra6.3 μm	1，1	1	1	0	游标卡尺、表面粗糙度比较样块			
6	3 mm	1	1	0	0	游标卡尺			
7	28 mm	1	1	0	0	游标卡尺			
8	R25 mm，Ra3.2 μm	4	4	0	0	半径样板、表面粗糙度比较样块			
9	80 mm	1	1	0	0	游标卡尺			
10	线轮廓度公差 0.30 mm	6	6	0	0	半径样板			
11	50 mm（配作），Ra6.3 μm	8，2	10	2	0	游标卡尺、表面粗糙度比较样块			
12	5 mm	4	4	0	0	游标卡尺			
13	15 mm	4	4	0	0	游标卡尺			
14	51 mm	4	4	0	0	游标卡尺			
15	45° ± 15′	4	4	0	0	万能角度尺			
16	$20_{0}^{+0.052}$ mm，Ra3.2 μm	10，2	10	2	0	塞规、表面粗糙度比较样块			
17	结合面间隙不大于 0.10 mm	12	12	0	0	塞尺			
18	未列入尺寸及表面粗糙度面		每超差一处扣 1 分			游标卡尺、表面粗糙度比较样块			
19	外观		毛刺、损伤、畸形等扣 1 ~ 5 分			目测			
			未加工或严重畸形另扣 5 分						
20	安全文明生产		酌情扣 1 ~ 5 分，严重者扣 10 分			现场记录			
合计		100							
备注									

十一、中级工职业技能鉴定考核应会试题 11——铣 V 形块双向组件

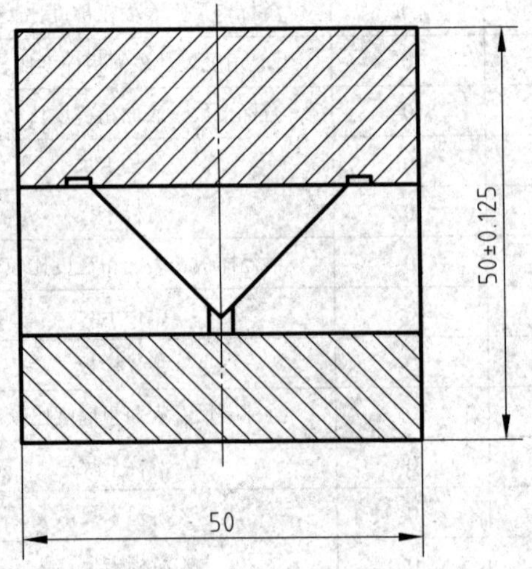

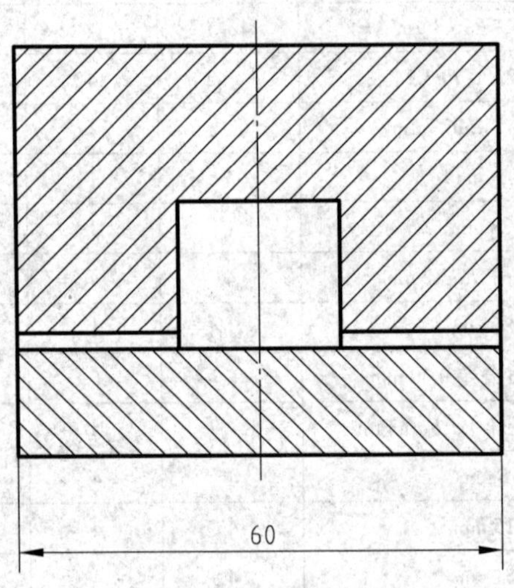

技术要求

1. 结合面间隙不大于0.12。
2. 组合体外圆柱面错位不大于0.20。
3. 转动180°组合间隙和错位量均不得超差。

2	凹V形块	X4-11-2	1
1	凸V形块	X4-11-1	1
序号	零件名称	零件代号	数量

代号	X4-11	训练内容	铣V形块双向组件		
材料	45	数量	1	工时	5h
坯料来源	锻件 60×50×35	训练件去向	完成品		

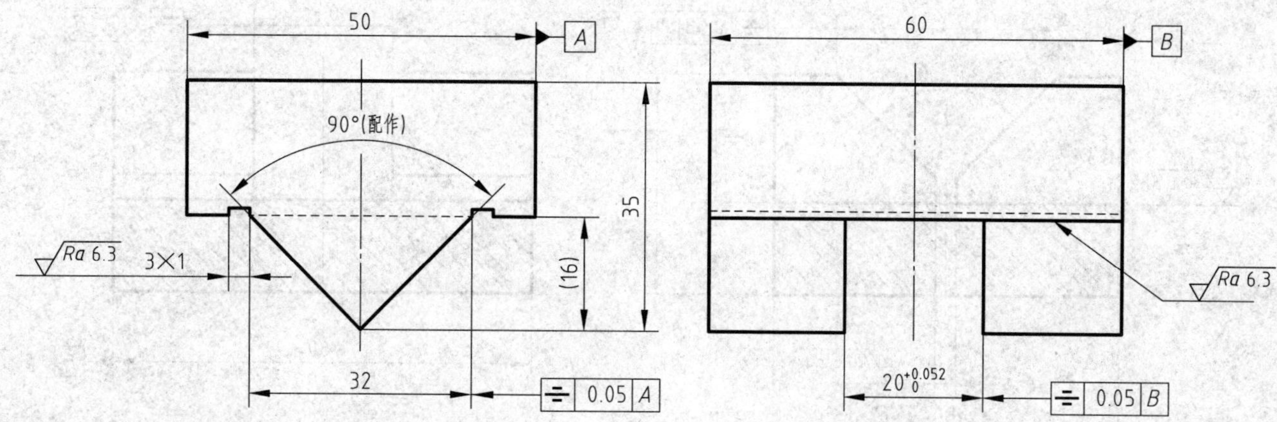

技术要求

1. 倒钝锐边R0.3。
2. 未注尺寸公差按GB/T 1804—m。

$\sqrt{Ra\ 3.2}\ (\sqrt{\ })$

零件名称	凸V形块
代号	X4-11-1
材料	45
数量	1

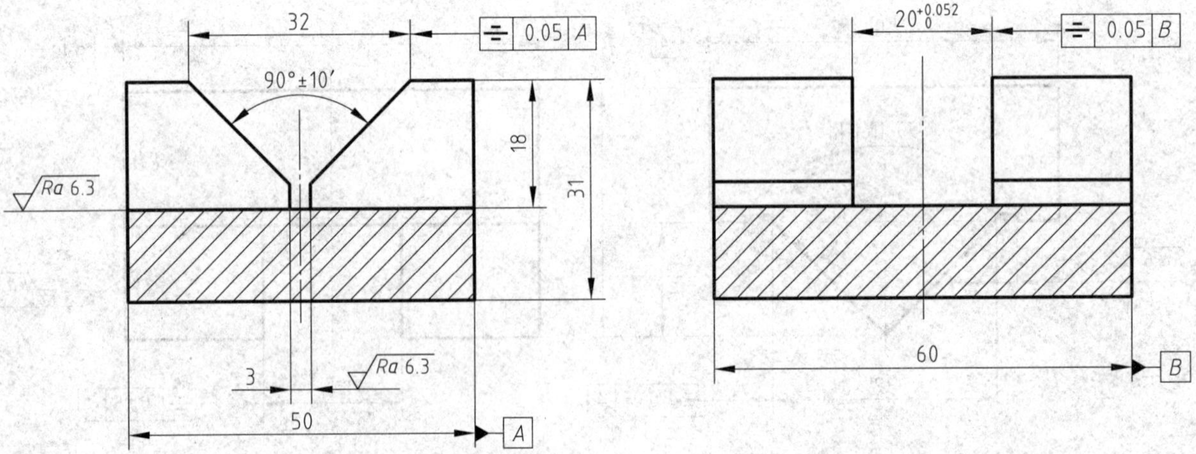

技术要求

1. 倒钝锐边R0.3。
2. 未注尺寸公差按GB/T 1804—m。

Ra 3.2 (√)

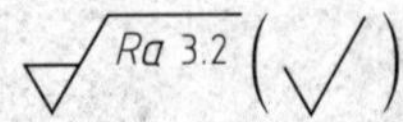

零件名称	凹V形块
代号	X4-11-2
材料	45
数量	1

评分表									
考件名称	V 形块双向组件		代号	X4–11	检测编号		总分		
序号	考核内容	配分	评分标准			量具	检测与考核记录	扣分	得分
		T，Ra	≤ T，>Ra	>T，≤ Ra	>T，>Ra				
1	90°（配作），Ra3.2 μm	6，2	6	2	0	万能角度尺、表面粗糙度比较样块			
2	32 mm	4	4	0	0	游标卡尺			
3	3 mm × 1 mm	1	1	0	0	游标卡尺			
4	对称度公差 0.05 mm	6	6	0	0	杠杆百分表			
5	$20^{+0.052}_{0}$ mm，Ra3.2 μm	8，2	8	2	0	塞规、表面粗糙度比较样块			
6	16 mm	1	1	0	0	游标卡尺			
7	对称度公差 0.05 mm	6	6	0	0	杠杆百分表			
8	31 mm	4	4	0	0	游标卡尺			
9	32 mm	4	4	0	0	游标卡尺			
10	18 mm	1	1	0	0	游标卡尺			
11	3 mm	1	1	0	0	游标卡尺			
12	90° ± 10′，Ra3.2 μm	6，2	6	2	0	万能角度尺、表面粗糙度比较样块			
13	对称度公差 0.05 mm	6	6	0	0	杠杆百分表			
14	$20^{+0.052}_{0}$ mm，Ra3.2 μm	8，2	8	2	0	塞规、表面粗糙度比较样块			
15	对称度公差 0.05 mm	6	6	0	0	杠杆百分表			
16	（50 ± 0.125）mm	4	4	0	0	游标卡尺			
17	结合面间隙不大于 0.12 mm	8	8	0	0	塞尺			
18	组合体外圆柱面错位不大于 0.20 mm	4	4	0	0	塞尺			
19	转动 180°组合间隙和错位量均不得超差	8	8	0	0	塞尺			
20	未列入尺寸及表面粗糙度值		每超差一处扣 1 分			游标卡尺、表面粗糙度比较样块			
21	外观		毛刺、损伤、畸形等扣 1 ~ 5 分 未加工或严重畸形另扣 5 分			目测			
22	安全文明生产		酌情扣 1 ~ 5 分，严重者扣 10 分			现场记录			
合计		100							
备注									

十二、中级工职业技能鉴定考核应会试题 12——铣塔形双向组件

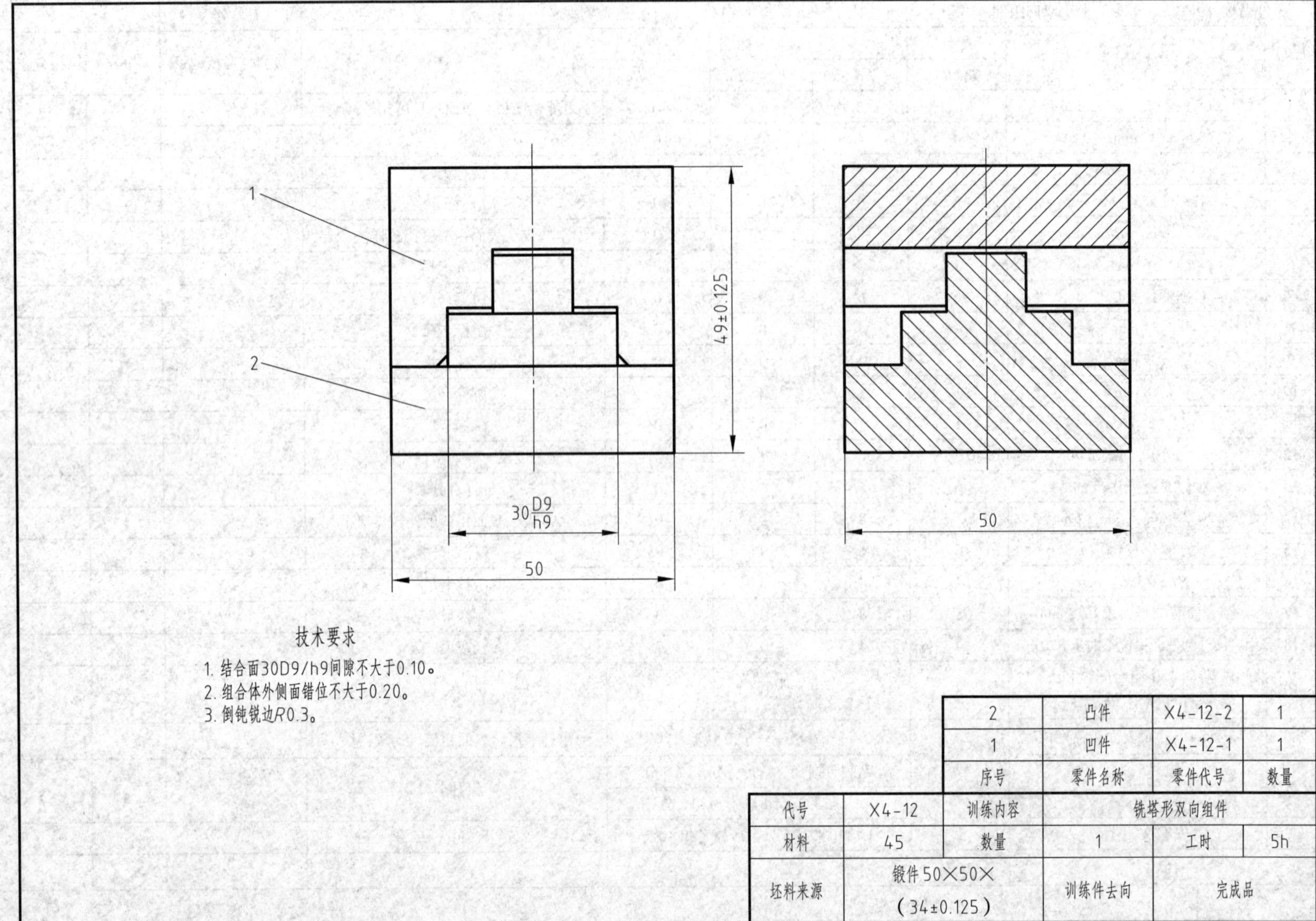

技术要求

1. 结合面30D9/h9间隙不大于0.10。
2. 组合体外侧面错位不大于0.20。
3. 倒钝锐边R0.3。

		2	凸件	X4-12-2	1
		1	凹件	X4-12-1	1
		序号	零件名称	零件代号	数量
代号	X4-12	训练内容	铣塔形双向组件		
材料	45	数量	1	工时	5h
坯料来源	锻件50×50×(34±0.125)		训练件去向	完成品	

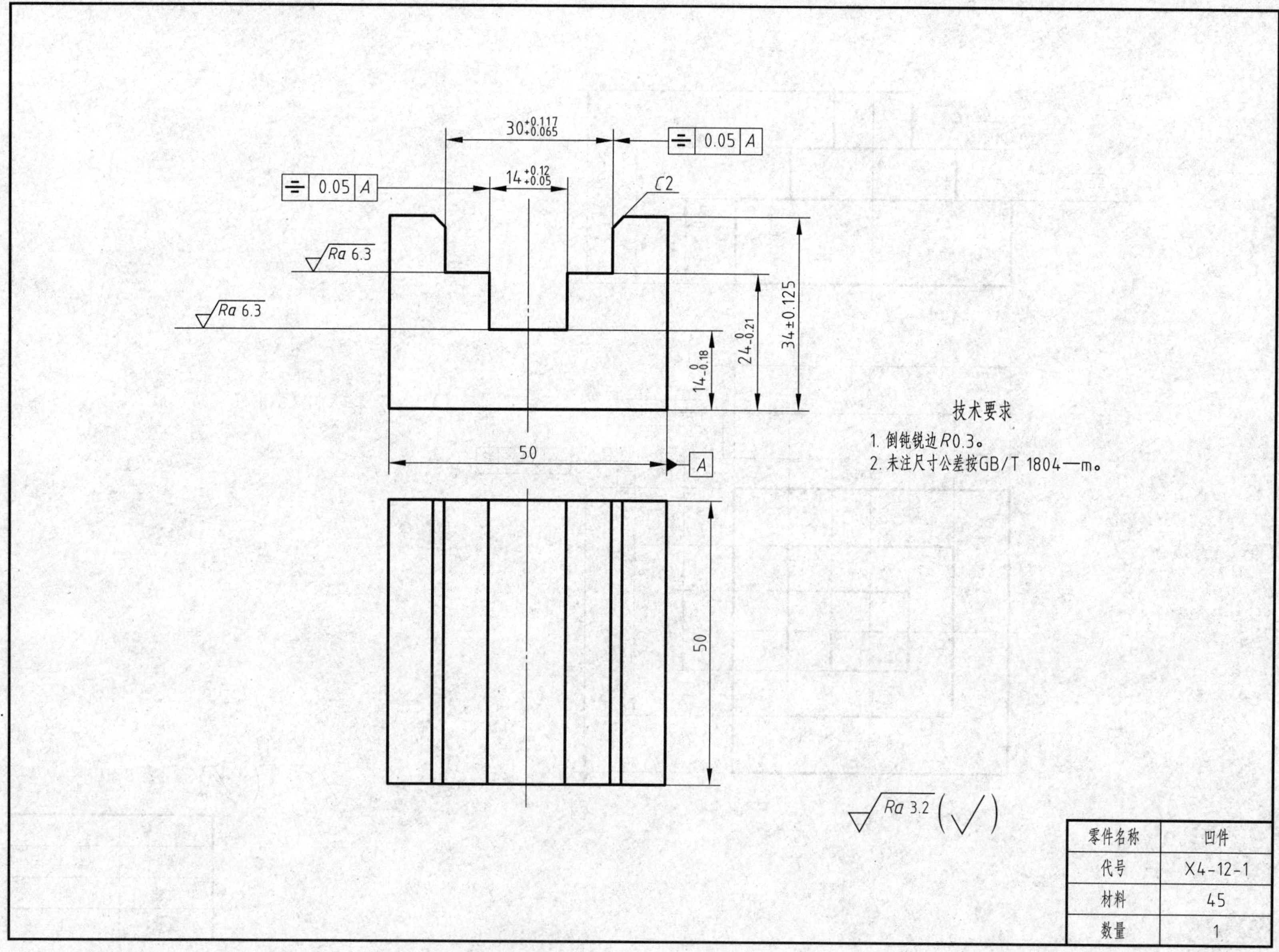

零件名称	凹件
代号	X4-12-1
材料	45
数量	1

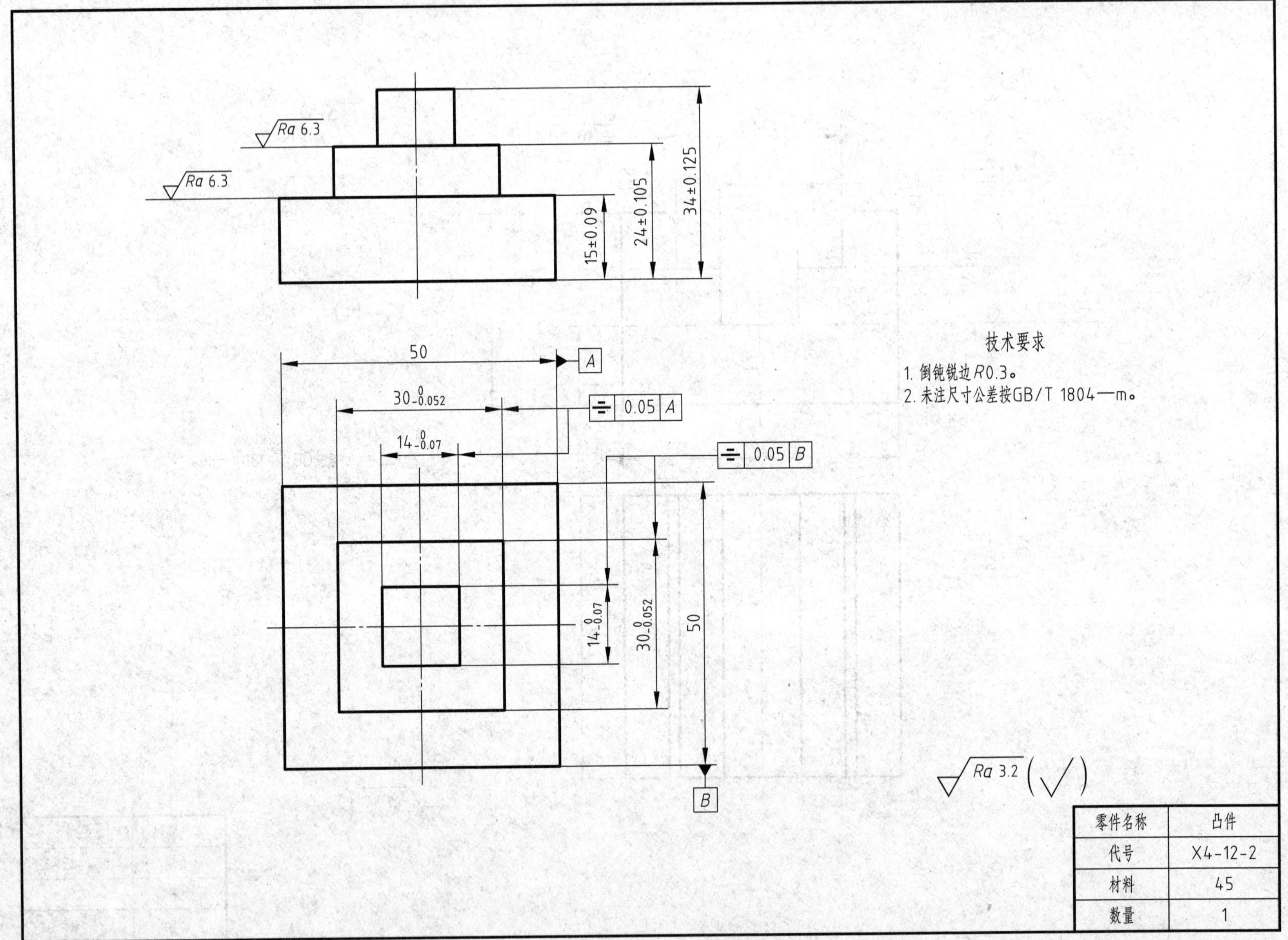

零件名称	凸件
代号	X4-12-2
材料	45
数量	1

<table>
<tr><td colspan="11">评 分 表</td></tr>
<tr><td colspan="2">考件名称</td><td colspan="2">塔形双向组件</td><td>代号</td><td colspan="2">X4–12</td><td>检测编号</td><td colspan="2">总分</td><td></td></tr>
<tr><td rowspan="2">序号</td><td rowspan="2">考核内容</td><td>配分</td><td colspan="3">评分标准</td><td rowspan="2">量具</td><td rowspan="2">检测与考核记录</td><td rowspan="2">扣分</td><td rowspan="2">得分</td></tr>
<tr><td>T，Ra</td><td>≤ T，>Ra</td><td>>T，≤ Ra</td><td>>T，>Ra</td></tr>
<tr><td>1</td><td>$30^{+0.117}_{+0.065}$ mm，Ra3.2 μm</td><td>8，2</td><td>8</td><td>2</td><td>0</td><td>游标卡尺、表面粗糙度比较样块</td><td></td><td></td><td></td></tr>
<tr><td>2</td><td>$24^{\ 0}_{-0.21}$ mm</td><td>2</td><td>2</td><td>0</td><td>0</td><td>游标卡尺</td><td></td><td></td><td></td></tr>
<tr><td>3</td><td>对称度公差 0.05 mm</td><td>6</td><td>6</td><td>0</td><td>0</td><td>杠杆百分表</td><td></td><td></td><td></td></tr>
<tr><td>4</td><td>$14^{+0.12}_{+0.05}$ mm，Ra3.2 μm</td><td>6，2</td><td>6</td><td>2</td><td>0</td><td>游标卡尺、表面粗糙度比较样块</td><td></td><td></td><td></td></tr>
<tr><td>5</td><td>$14^{\ 0}_{-0.18}$ mm</td><td>2</td><td>2</td><td>0</td><td>0</td><td>游标卡尺</td><td></td><td></td><td></td></tr>
<tr><td>6</td><td>对称度公差 0.05 mm</td><td>6</td><td>6</td><td>0</td><td>0</td><td>杠杆百分表</td><td></td><td></td><td></td></tr>
<tr><td>7</td><td>$C2$ mm</td><td>2</td><td>2</td><td>0</td><td>0</td><td>游标卡尺</td><td></td><td></td><td></td></tr>
<tr><td>8</td><td>$30^{\ 0}_{-0.052}$ mm（2 处），Ra3.2 μm</td><td>16，2</td><td>16</td><td>2</td><td>0</td><td>外径千分尺、表面粗糙度比较样块</td><td></td><td></td><td></td></tr>
<tr><td>9</td><td>（15 ± 0.09）mm</td><td>2</td><td>2</td><td>0</td><td>0</td><td>游标卡尺</td><td></td><td></td><td></td></tr>
<tr><td>10</td><td>对称度公差 0.05 mm</td><td>6</td><td>6</td><td>0</td><td>0</td><td>杠杆百分表</td><td></td><td></td><td></td></tr>
<tr><td>11</td><td>$14^{\ 0}_{-0.07}$ mm（2 处），Ra3.2 μm</td><td>12，2</td><td>16</td><td>2</td><td>0</td><td>外径千分尺、表面粗糙度比较样块</td><td></td><td></td><td></td></tr>
<tr><td>12</td><td>（24 ± 0.105）mm</td><td>2</td><td>2</td><td>0</td><td>0</td><td>游标卡尺</td><td></td><td></td><td></td></tr>
<tr><td>13</td><td>对称度公差 0.05 mm</td><td>6</td><td>6</td><td>0</td><td>0</td><td>杠杆百分表</td><td></td><td></td><td></td></tr>
<tr><td>14</td><td>（49 ± 0.125）mm</td><td>4</td><td>4</td><td>0</td><td>0</td><td>游标卡尺</td><td></td><td></td><td></td></tr>
<tr><td>15</td><td>结合面间隙不大于 0.10 mm</td><td>6</td><td>6</td><td>0</td><td>0</td><td>塞尺</td><td></td><td></td><td></td></tr>
<tr><td>16</td><td>组合体外侧面错位不大于 0.20 mm</td><td>6</td><td>6</td><td>0</td><td>0</td><td>塞尺</td><td></td><td></td><td></td></tr>
<tr><td>17</td><td>未列入尺寸及表面粗糙度值</td><td rowspan="4"></td><td colspan="3">每超差一处扣 1 分</td><td>游标卡尺、表面粗糙度比较样块</td><td></td><td></td><td></td></tr>
<tr><td rowspan="2">18</td><td rowspan="2">外观</td><td colspan="3">毛刺、损伤、畸形等扣 1 ~ 5 分</td><td rowspan="2">目测</td><td rowspan="2"></td><td rowspan="2"></td><td rowspan="2"></td></tr>
<tr><td colspan="3">未加工或严重畸形另扣 5 分</td></tr>
<tr><td>19</td><td>安全文明生产</td><td colspan="3">酌情扣 1 ~ 5 分，严重者扣 10 分</td><td>现场记录</td><td></td><td></td><td></td></tr>
<tr><td colspan="2">合计</td><td>100</td><td colspan="3"></td><td></td><td></td><td></td><td></td></tr>
<tr><td>备注</td><td colspan="10"></td></tr>
</table>

十三、中级工职业技能鉴定考核应会试题 13——铣 T 形组件

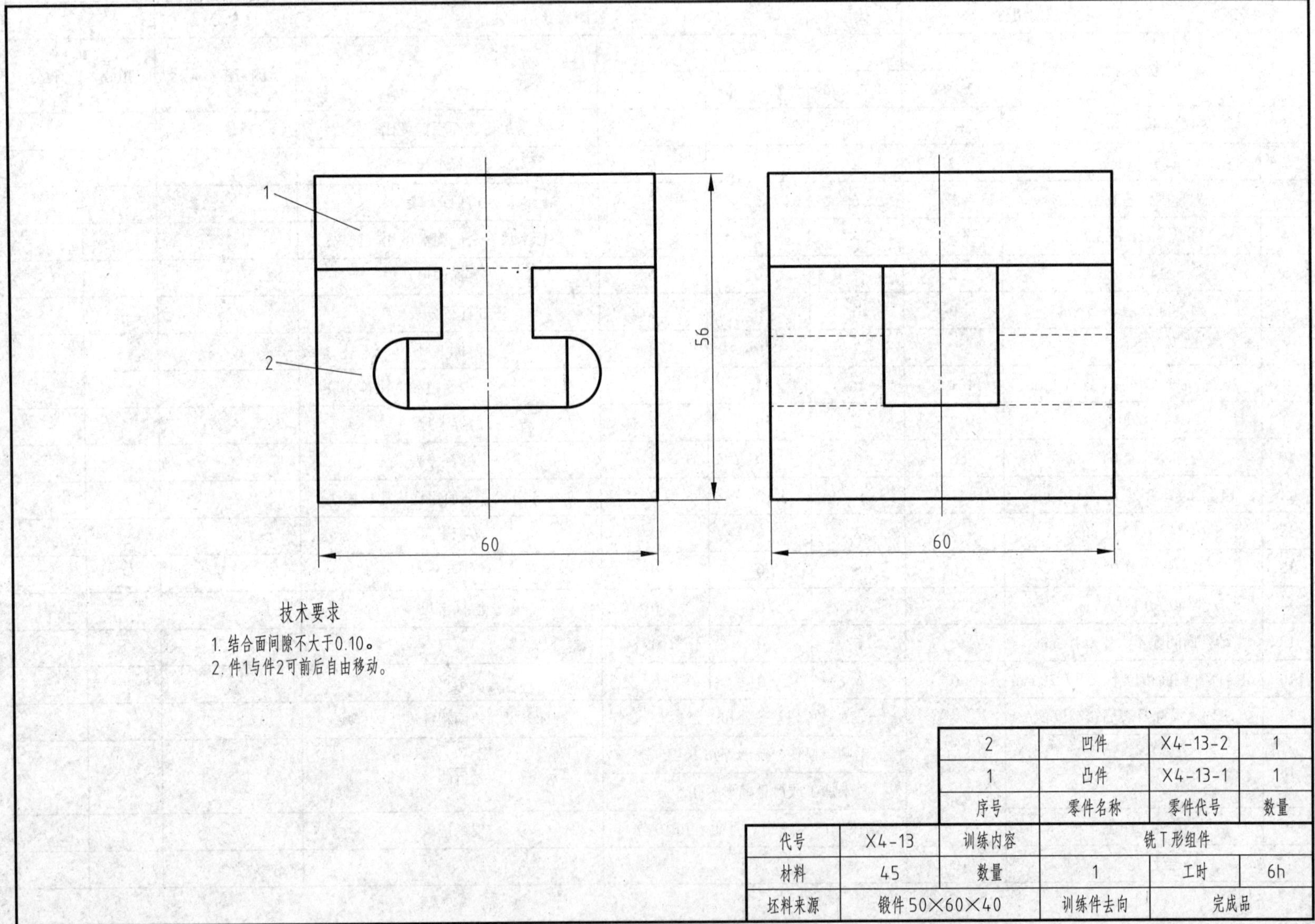

技术要求

1. 结合面间隙不大于0.10。
2. 件1与件2可前后自由移动。

2	凹件	X4-13-2	1
1	凸件	X4-13-1	1
序号	零件名称	零件代号	数量

代号	X4-13	训练内容	铣T形组件		
材料	45	数量	1	工时	6h
坯料来源	锻件 50×60×40		训练件去向	完成品	

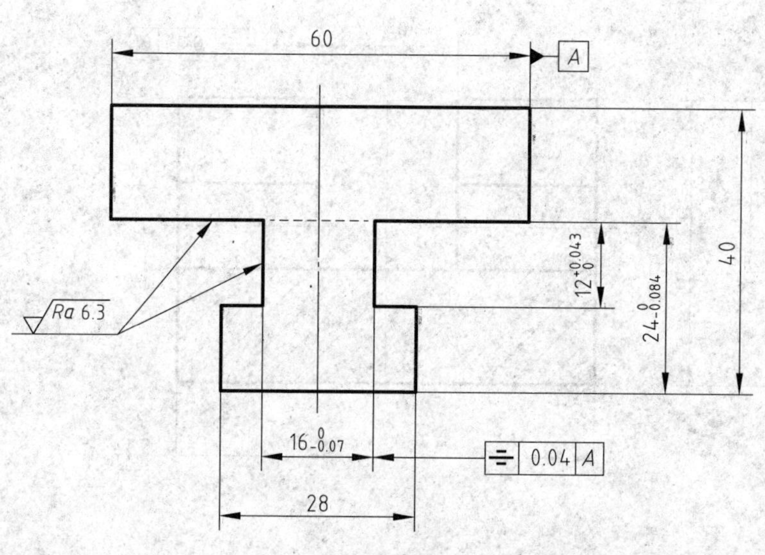

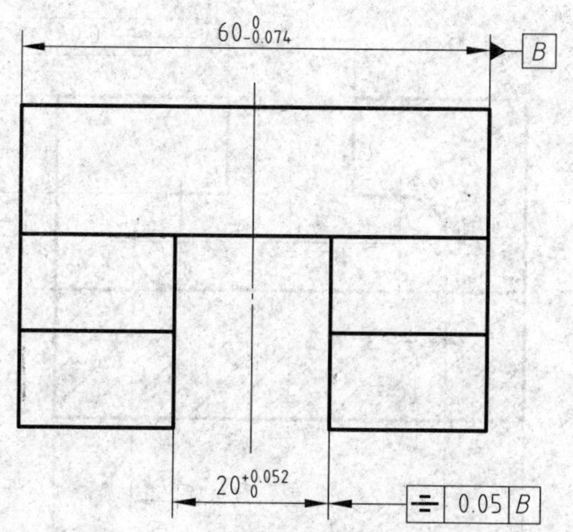

技术要求

1. 倒钝锐边$R0.3$。
2. 未注尺寸公差按GB/T 1804—m。

Ra 3.2 (√)

零件名称	T形滑块
代号	X4-13-1
材料	45
数量	1

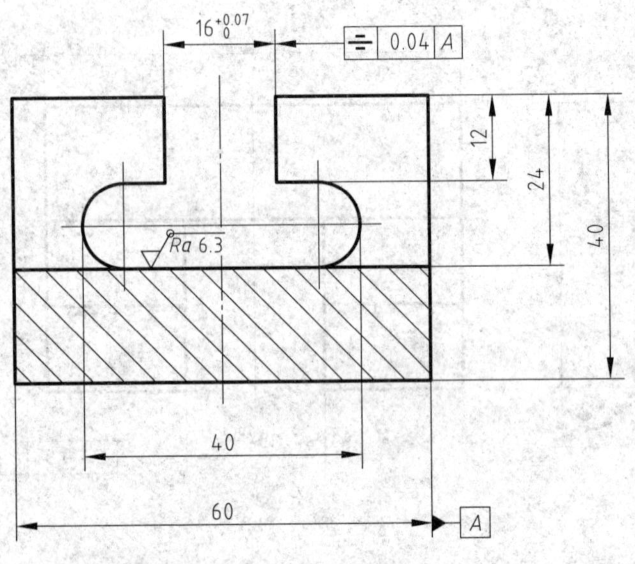

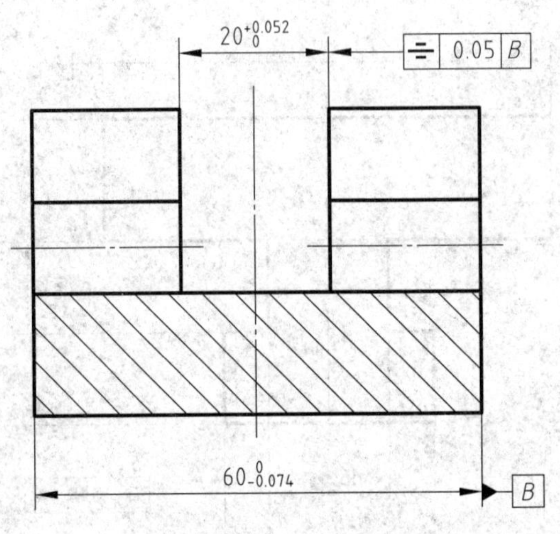

技术要求

1. 配合尺寸按件1配作。
2. 倒钝锐边$R0.3$。
3. 未注尺寸公差按GB/T 1804—m。

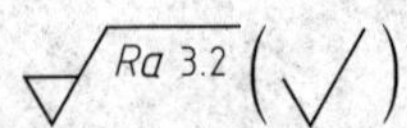

零件名称	T形槽座
代号	X4-13-2
材料	45
数量	1

评 分 表									
考件名称	T形组件		代号	X4–13	检测编号		总分		
序号	考核内容	配分	评分标准			量具	检测与考核记录	扣分	得分
		T，*Ra*	≤ *T*，>*Ra*	>*T*，≤ *Ra*	>*T*，>*Ra*				
1	28 mm	4	4	0	0	游标卡尺			
2	$24_{-0.084}^{0}$ mm	6	6	0	0	深度游标卡尺			
3	$16_{-0.07}^{0}$ mm	8，2	8	2	0	外径千分尺			
4	$12_{0}^{+0.043}$ mm	6	6	0	0	塞规			
5	对称度公差 0.04 mm	4	4	0	0	杠杆百分表			
6	$20_{0}^{+0.052}$ mm，*Ra*3.2 μm	8，4	8	4	0	塞规、表面粗糙度比较样块			
7	对称度公差 0.05 mm	4	4	0	0	杠杆百分表			
8	40 mm（2 处）	4	4	0	0	游标卡尺			
9	12 mm	4	4	0	0	游标卡尺			
10	24 mm	4	4	0	0	游标卡尺			
11	$16_{0}^{+0.07}$ mm，*Ra*3.2 μm	6，2	6	2	0	塞规、表面粗糙度比较样块			
12	对称度公差 0.04 mm	4	4	0	0	杠杆百分表			
13	$20_{0}^{+0.052}$ mm，*Ra*3.2 μm	6，2	6	2	0	塞规、表面粗糙度比较样块			
14	对称度公差 0.05 mm	4	4	0	0	杠杆百分表			
15	结合面间隙不大于 0.10 mm	12	12	0	0	塞尺			
16	件 1 与件 2 可前后自由移动	6	6	0	0	手感			
17	未列入尺寸及表面粗糙度值		每超差一处扣 1 分			游标卡尺、表面粗糙度比较样块			
18	外观		毛刺、损伤、畸形等扣 1 ~ 5 分 未加工或严重畸形另扣 5 分			目测			
19	安全文明生产		酌情扣 1 ~ 5 分，严重者扣 10 分			现场记录			
合计		100							
备注									

十四、中级工职业技能鉴定考核应会试题 14——铣半圆双向组件

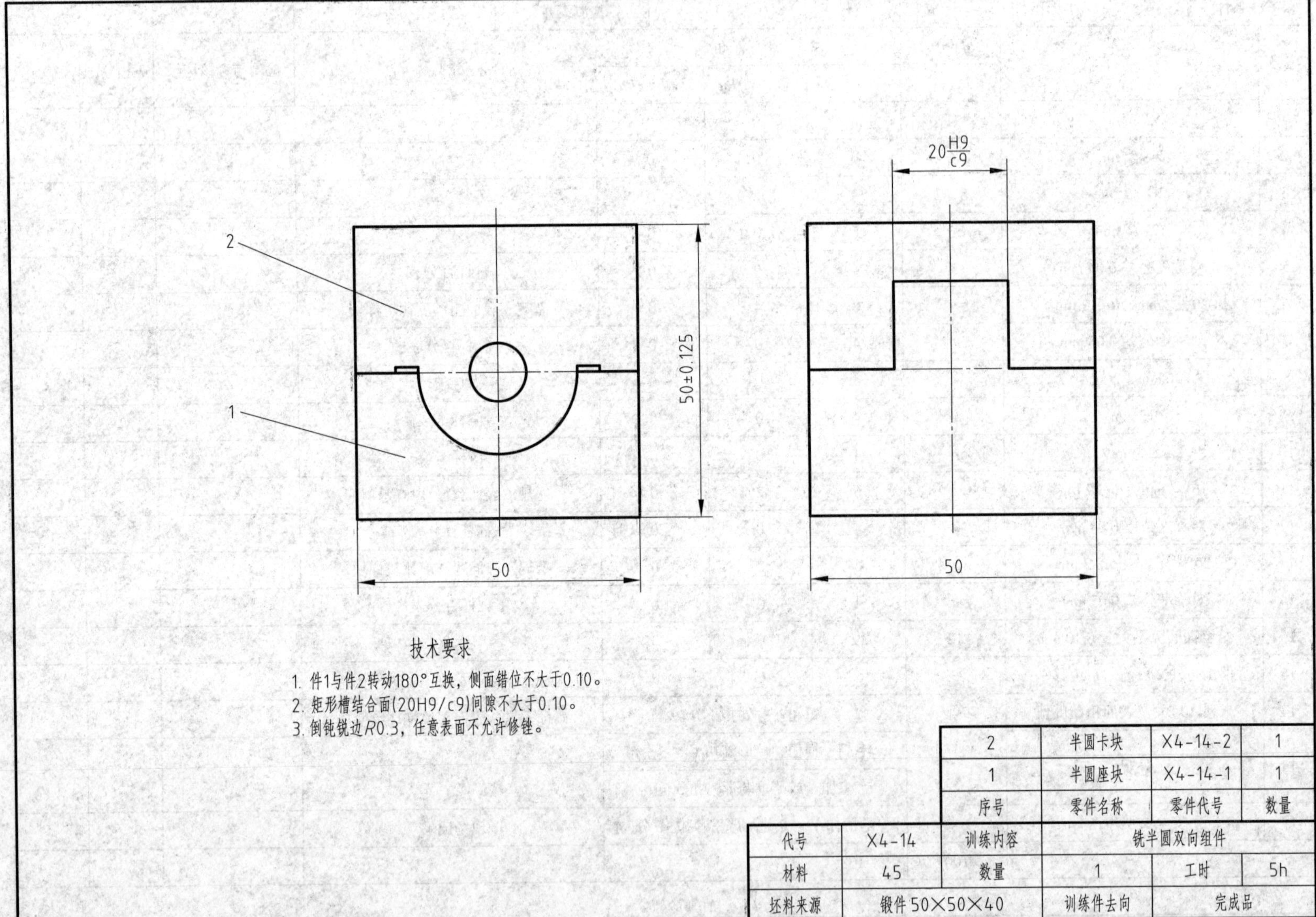

技术要求

1. 件1与件2转动180°互换，侧面错位不大于0.10。
2. 矩形槽结合面(20H9/c9)间隙不大于0.10。
3. 倒钝锐边R0.3，任意表面不允许修锉。

序号	零件名称	零件代号	数量
2	半圆卡块	X4-14-2	1
1	半圆座块	X4-14-1	1

代号	X4-14	训练内容	铣半圆双向组件		
材料	45	数量	1	工时	5h
坯料来源	锻件50×50×40		训练件去向	完成品	

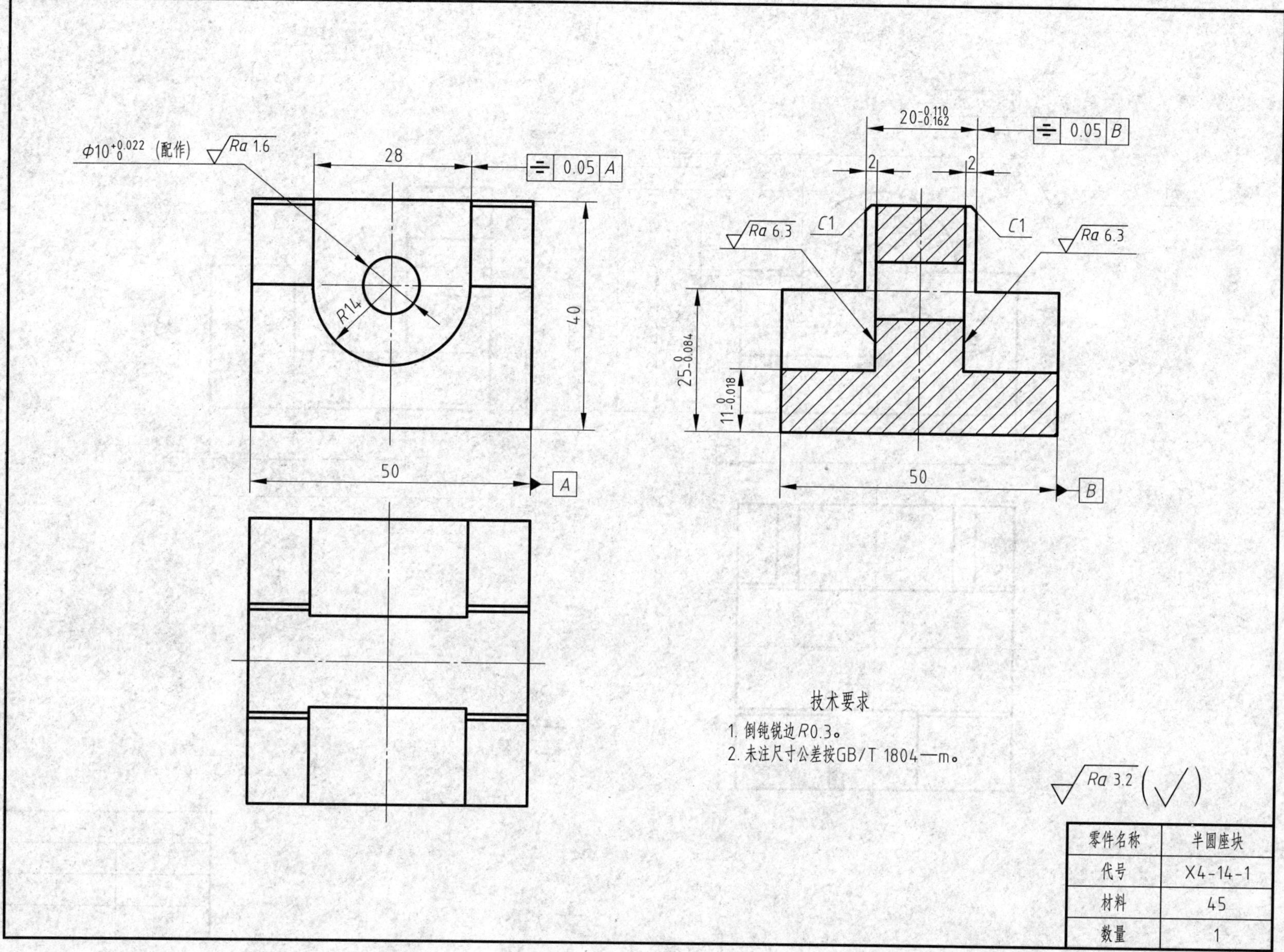
Φ10+0.022 0 (配作)
Ra 1.6
28
0.05 A
R14
40
50
A
20-0.110 -0.162
0.05 B
2
2
C1
C1
Ra 6.3
Ra 6.3
25-0 -0.084
11-0 -0.018
50
B
技术要求
1. 倒钝锐边R0.3。
2. 未注尺寸公差按GB/T 1804—m。
Ra 3.2 (√)
零件名称
半圆座块
代号
X4-14-1
材料
45
数量
1

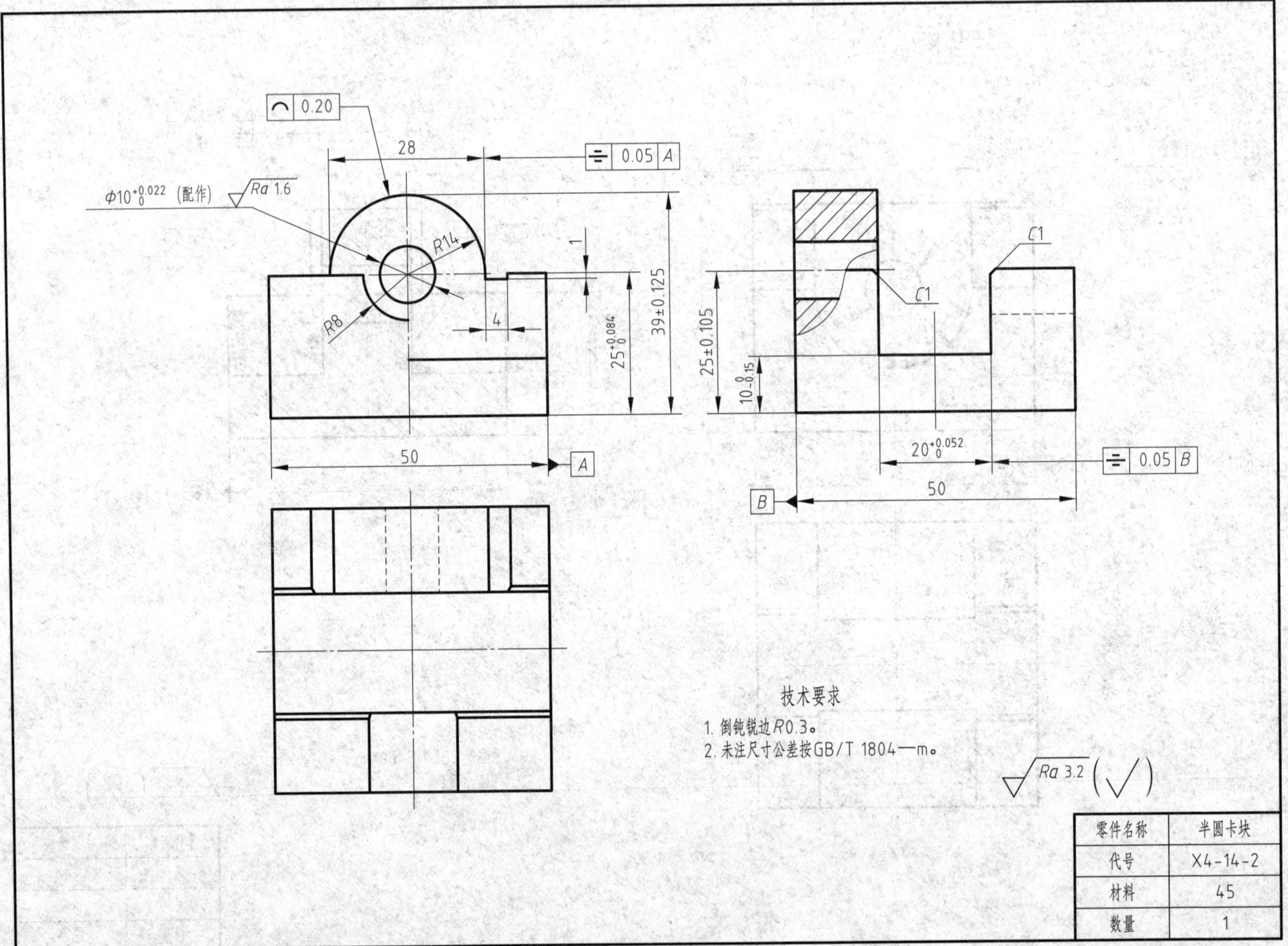

零件名称	半圆卡块
代号	X4-14-2
材料	45
数量	1

<table>
<tr><td colspan="10">评 分 表</td></tr>
<tr><td colspan="2">考件名称</td><td>半圆双向组件</td><td>代号</td><td>X4–14</td><td>检测编号</td><td></td><td>总分</td><td colspan="2"></td></tr>
<tr><td rowspan="2">序号</td><td rowspan="2">考核内容</td><td>配分</td><td colspan="3">评分标准</td><td rowspan="2">量具</td><td rowspan="2">检测与考核记录</td><td rowspan="2">扣分</td><td rowspan="2">得分</td></tr>
<tr><td>T，Ra</td><td>≤ T，>Ra</td><td>>T，≤ Ra</td><td>>T，>Ra</td></tr>
<tr><td>1</td><td>$20_{-0.162}^{-0.110}$ mm，Ra3.2 μm</td><td>8，2</td><td>8</td><td>2</td><td>0</td><td>外径千分尺、表面粗糙度比较样块</td><td></td><td></td><td></td></tr>
<tr><td>2</td><td>$25_{-0.084}^{0}$ mm，Ra3.2 μm</td><td>6，2</td><td>6</td><td>2</td><td>0</td><td>游标卡尺、表面粗糙度比较样块</td><td></td><td></td><td></td></tr>
<tr><td>3</td><td>对称度公差 0.05 mm</td><td>4</td><td>4</td><td>0</td><td>0</td><td>杠杆百分表</td><td></td><td></td><td></td></tr>
<tr><td>4</td><td>28 mm</td><td>2</td><td>2</td><td>0</td><td>0</td><td>游标卡尺</td><td></td><td></td><td></td></tr>
<tr><td>5</td><td>R14 mm</td><td>2</td><td>2</td><td>0</td><td>0</td><td>半径样板</td><td></td><td></td><td></td></tr>
<tr><td>6</td><td>$11_{-0.18}^{0}$ mm，Ra3.2 μm</td><td>2，1</td><td>2</td><td>1</td><td>0</td><td>游标卡尺、表面粗糙度比较样块</td><td></td><td></td><td></td></tr>
<tr><td>7</td><td>对称度公差 0.05 mm</td><td>4</td><td>4</td><td>0</td><td>0</td><td>杠杆百分表</td><td></td><td></td><td></td></tr>
<tr><td>8</td><td>$\phi 10_{0}^{+0.022}$ mm，Ra1.6 μm</td><td>4，1</td><td>4</td><td>1</td><td>0</td><td>塞规、表面粗糙度比较样块</td><td></td><td></td><td></td></tr>
<tr><td>9</td><td>（39 ± 0.125）mm</td><td>2</td><td>2</td><td>0</td><td>0</td><td>游标卡尺、表面粗糙度比较样块</td><td></td><td></td><td></td></tr>
<tr><td>10</td><td>$25_{0}^{+0.084}$ mm，Ra3.2 μm</td><td>6，2</td><td>6</td><td>2</td><td>0</td><td>游标卡尺、表面粗糙度比较样块</td><td></td><td></td><td></td></tr>
<tr><td>11</td><td>$20_{0}^{+0.052}$ mm，Ra3.2 μm</td><td>8，2</td><td>8</td><td>2</td><td>0</td><td>塞规、表面粗糙度比较样块</td><td></td><td></td><td></td></tr>
<tr><td>12</td><td>$10_{-0.15}^{0}$ mm，Ra3.2 μm</td><td>2，1</td><td>2</td><td>1</td><td>0</td><td>游标卡尺、表面粗糙度比较样块</td><td></td><td></td><td></td></tr>
<tr><td>13</td><td>对称度公差 0.05 mm</td><td>4</td><td>4</td><td>0</td><td>0</td><td>杠杆百分表</td><td></td><td></td><td></td></tr>
<tr><td>14</td><td>（25 ± 0.105）mm</td><td>2</td><td>2</td><td>0</td><td>0</td><td>游标卡尺、量棒</td><td></td><td></td><td></td></tr>
<tr><td>15</td><td>$\phi 10_{0}^{+0.022}$ mm，Ra1.6 μm</td><td>4，1</td><td>4</td><td>1</td><td>0</td><td>塞规、表面粗糙度比较样块</td><td></td><td></td><td></td></tr>
<tr><td>16</td><td>R8 mm</td><td>1</td><td>1</td><td>0</td><td>0</td><td>半径样板</td><td></td><td></td><td></td></tr>
<tr><td>17</td><td>对称度公差 0.05 mm</td><td>4</td><td>4</td><td>0</td><td>0</td><td>杠杆百分表</td><td></td><td></td><td></td></tr>
<tr><td>18</td><td>线轮廓度公差 0.20 mm</td><td>7</td><td>7</td><td>0</td><td>0</td><td>半径样板、塞尺</td><td></td><td></td><td></td></tr>
<tr><td>19</td><td>（50 ± 0.125）mm</td><td>4</td><td>4</td><td>0</td><td>0</td><td>游标卡尺</td><td></td><td></td><td></td></tr>
<tr><td>20</td><td>件 1 与件 2 转动 180°互换，侧面错位不大于 0.10 mm</td><td>6</td><td>6</td><td>0</td><td>0</td><td>$\phi 10_{-0.08}^{-0.04}$ mm 量棒</td><td></td><td></td><td></td></tr>
<tr><td>21</td><td>矩形槽结合面间隙不大于 0.10 mm</td><td>6</td><td>6</td><td>0</td><td>0</td><td>手感</td><td></td><td></td><td></td></tr>
<tr><td>22</td><td>未列入尺寸及表面粗糙度值</td><td rowspan="4"></td><td colspan="3">每超差一处扣 1 分</td><td>游标卡尺、表面粗糙度比较样块</td><td></td><td></td><td></td></tr>
<tr><td rowspan="2">23</td><td rowspan="2">外观</td><td colspan="3">毛刺、损伤、畸形等扣 1 ~ 5 分</td><td rowspan="2">目测</td><td rowspan="2"></td><td rowspan="2"></td><td rowspan="2"></td></tr>
<tr><td colspan="3">未加工或严重畸形另扣 5 分</td></tr>
<tr><td>24</td><td>安全文明生产</td><td colspan="3">酌情扣 1 ~ 5 分，严重者扣 10 分</td><td>现场记录</td><td></td><td></td><td></td></tr>
<tr><td colspan="2">合计</td><td>100</td><td colspan="3"></td><td></td><td></td><td></td><td></td></tr>
<tr><td colspan="2">备注</td><td colspan="8"></td></tr>
</table>

十五、中级工职业技能鉴定考核应会试题 15——铣 V 形嵌合组件

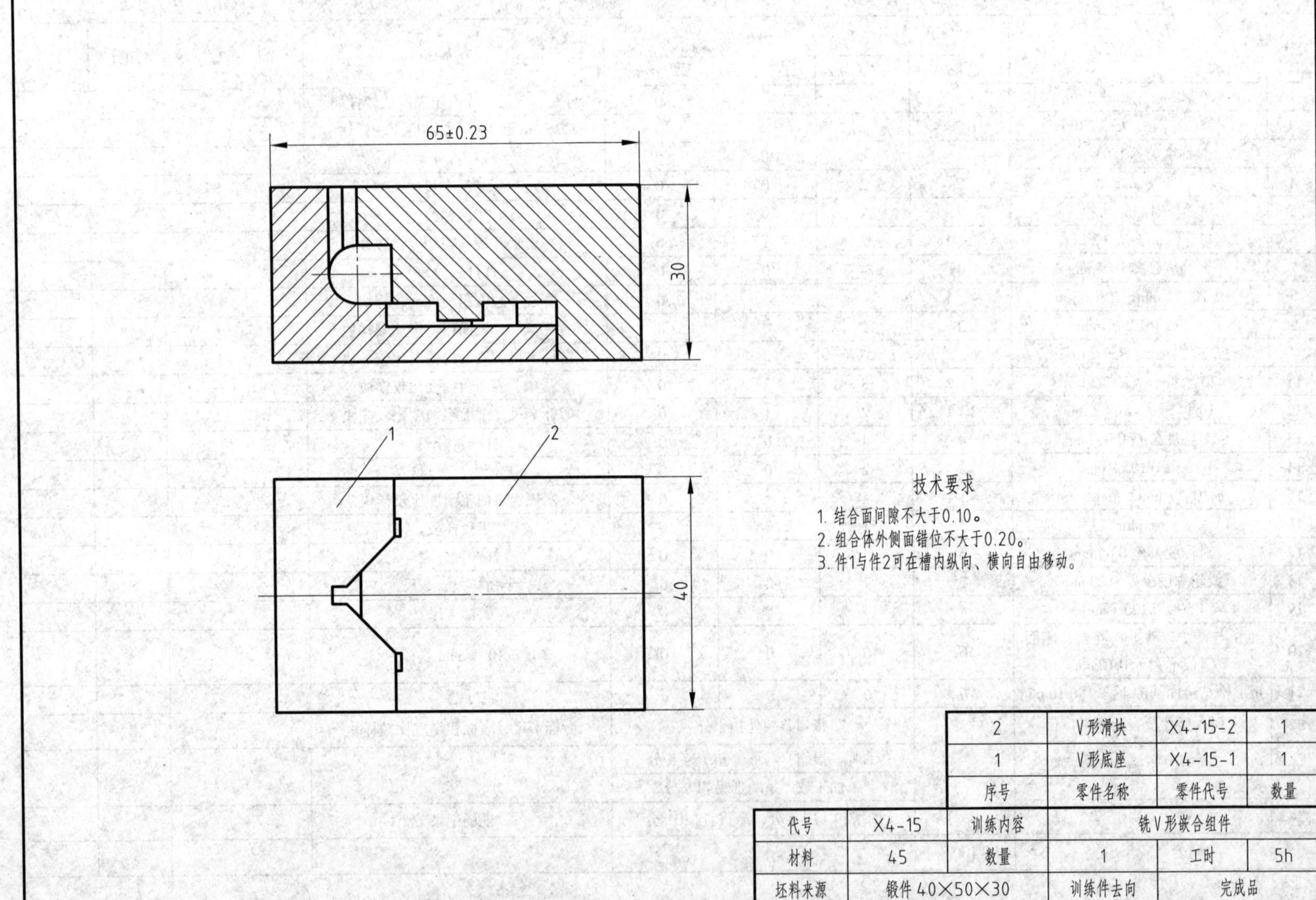

技术要求

1. 结合面间隙不大于0.10。
2. 组合体外侧面错位不大于0.20。
3. 件1与件2可在槽内纵向、横向自由移动。

序号	零件名称	零件代号	数量
2	V形滑块	X4-15-2	1
1	V形底座	X4-15-1	1

代号	X4-15	训练内容	铣V形嵌合组件		
材料	45	数量	1	工时	5h
坯料来源	锻件 40×50×30	训练件去向	完成品		

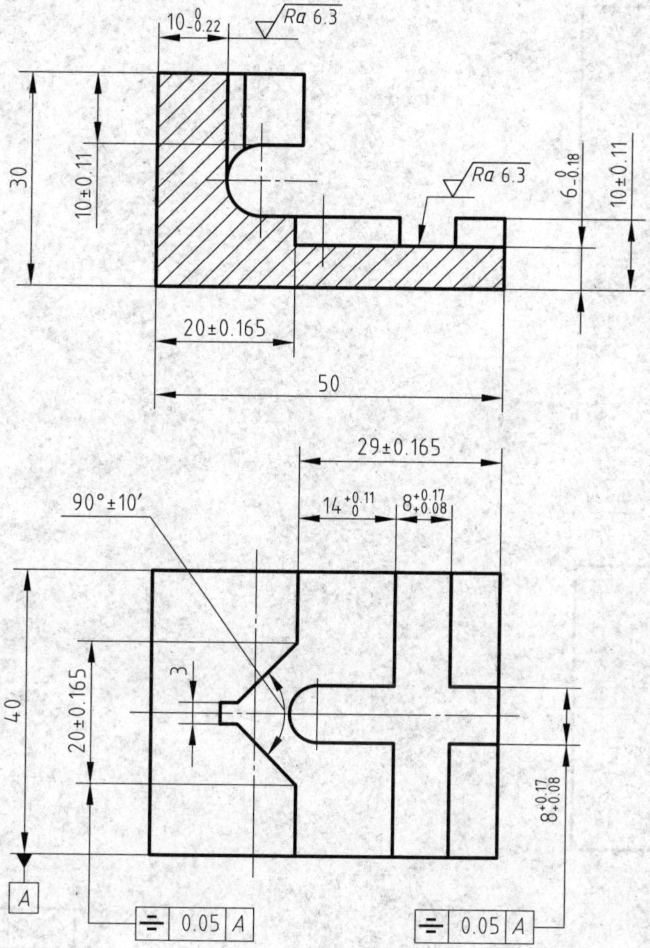

技术要求

1. 倒钝锐边$R0.3$。
2. 未注尺寸公差按GB/T 1804—m。

$\sqrt{Ra\ 3.2}\ (\checkmark)$

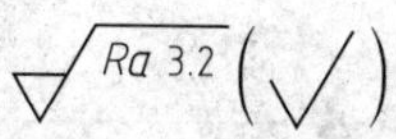

零件名称	V形底座
代号	X4-15-1
材料	45
数量	1

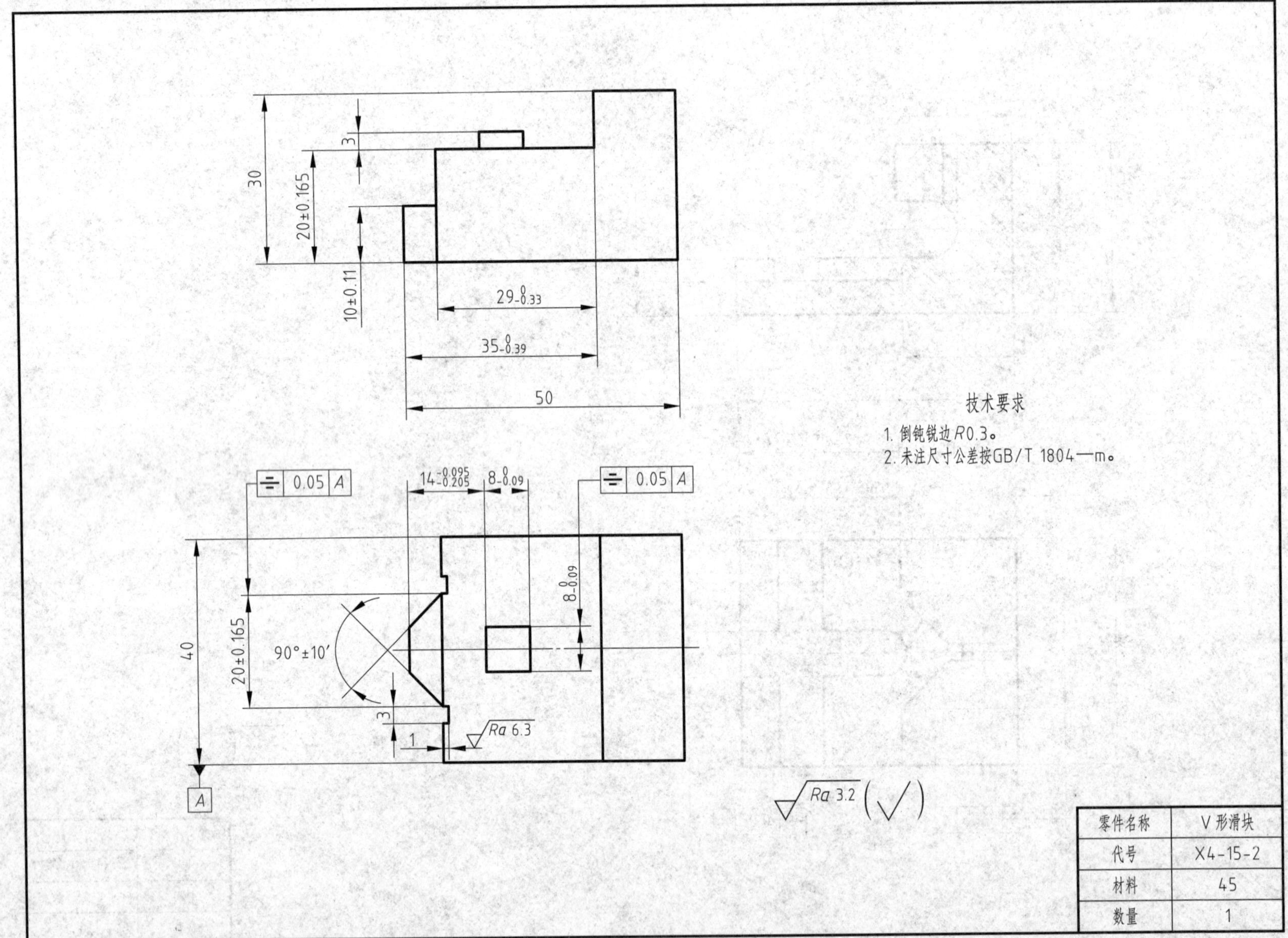

技术要求

1. 倒钝锐边$R0.3$。
2. 未注尺寸公差按GB/T 1804—m。

Ra 3.2 (√)

零件名称	V形滑块
代号	X4-15-2
材料	45
数量	1

评分表									
考件名称	V形嵌合组件	代号	X4-15	检测编号			总分		
序号	考核内容	配分	评分标准			量具	检测与考核记录	扣分	得分
		T，Ra	≤T，>Ra	>T，≤Ra	>T，>Ra				
1	（10±0.11）mm（2处）	4	4	0	0	游标卡尺			
2	（20±0.165）mm（2处）	2	2	0	0	游标卡尺			
3	$8^{+0.17}_{+0.08}$ mm（2处），Ra3.2 μm	16，4	16	4	0	游标卡尺、表面粗糙度比较样块			
4	$6^{0}_{-0.18}$ mm	2	2	0	0	游标卡尺			
5	（29±0.165）mm	1	1	0	0	游标卡尺			
6	$14^{+0.11}_{0}$ mm	2	2	0	0	游标卡尺			
7	90°±10′，Ra3.2 μm	6，2	6	2	0	万能角度尺、表面粗糙度比较样块			
8	对称度公差 0.05 mm（2处）	4	4	0	0	杠杆百分表			
9	$29^{0}_{-0.33}$ mm	2	2	0	0	游标卡尺			
10	$35^{0}_{-0.39}$ mm	2	2	0	0	游标卡尺			
11	（20±0.165）mm	2	2	0	0	游标卡尺			
12	（10±0.11）mm	2	2	0	0	游标卡尺			
13	$8^{0}_{-0.09}$ mm（2处），Ra3.2 μm	16，4	16	4	0	游标卡尺、表面粗糙度比较样块			
14	$14^{-0.095}_{-0.205}$ mm	2	2	0	0	游标卡尺			
15	90°±10′，Ra3.2 μm	6，2	6	2	0	万能角度尺、表面粗糙度比较样块			
16	（20±0.165）mm	1	1	0	0	游标卡尺			
17	对称度公差 0.05 mm（2处）	6	6	0	0	杠杆百分表			
18	结合面间隙不大于 0.10 mm	4	4	0	0	塞尺			
19	组合体外侧面错位不大于 0.20 mm	4	4	0	0	塞尺			
20	件1与件2可在槽内纵向、横向自由移动	4	4	0	0	手感			
21	未列入尺寸及表面粗糙度值		每超差一处扣1分			游标卡尺、表面粗糙度比较样块			
22	外观		毛刺、损伤、畸形等扣1～5分 未加工或严重畸形另扣5分			目测			
23	安全文明生产		酌情扣1～5分，严重者扣10分			现场记录			
合计		100							
备注									

十六、中级工职业技能鉴定考核应会试题 16——铣凸耳柱塞组件

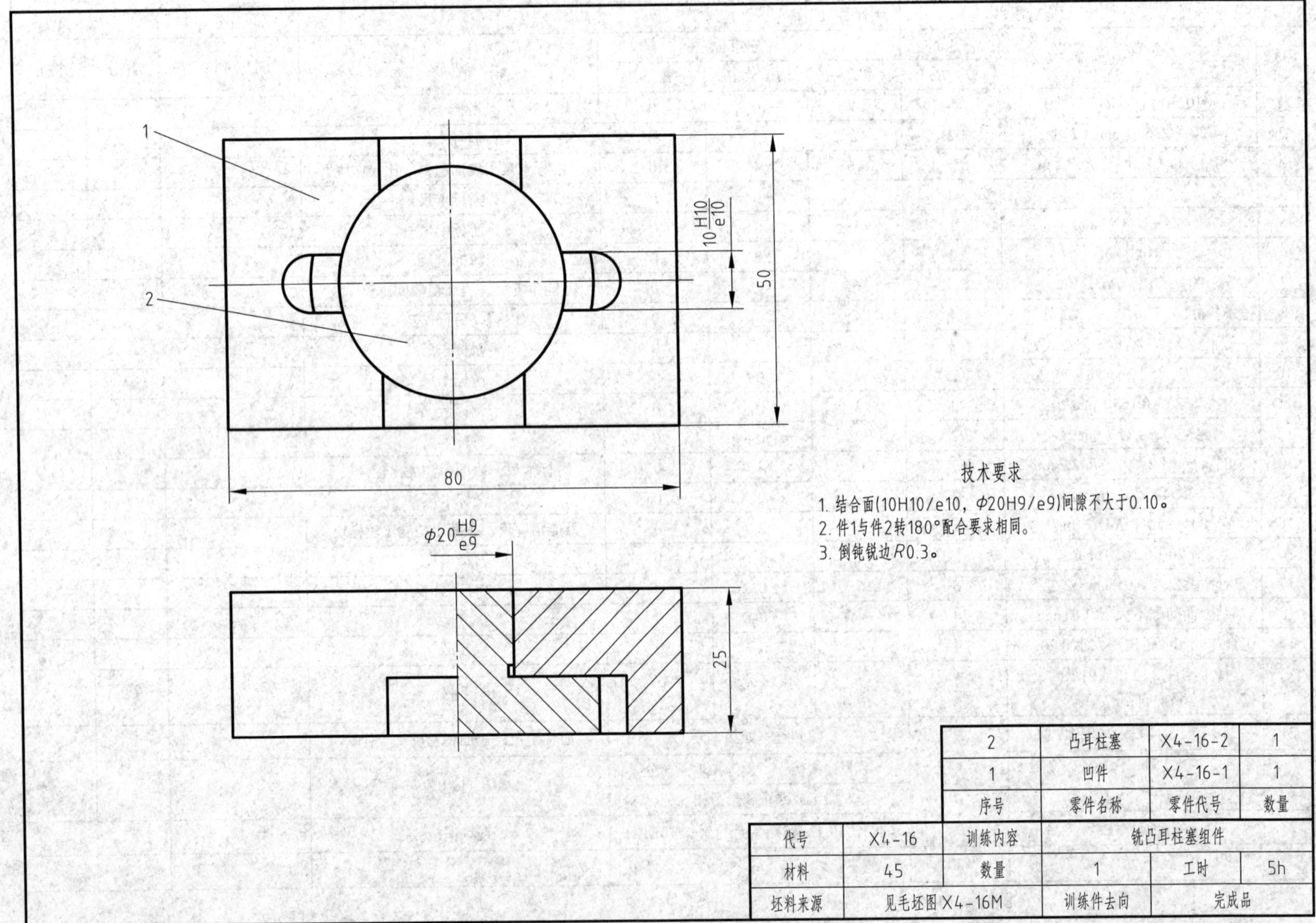

序号	零件名称	零件代号	数量
2	凸耳柱塞	X4-16-2	1
1	凹件	X4-16-1	1

代号	X4-16	训练内容	铣凸耳柱塞组件		
材料	45	数量	1	工时	5h
坯料来源	见毛坯图 X4-16M		训练件去向	完成品	

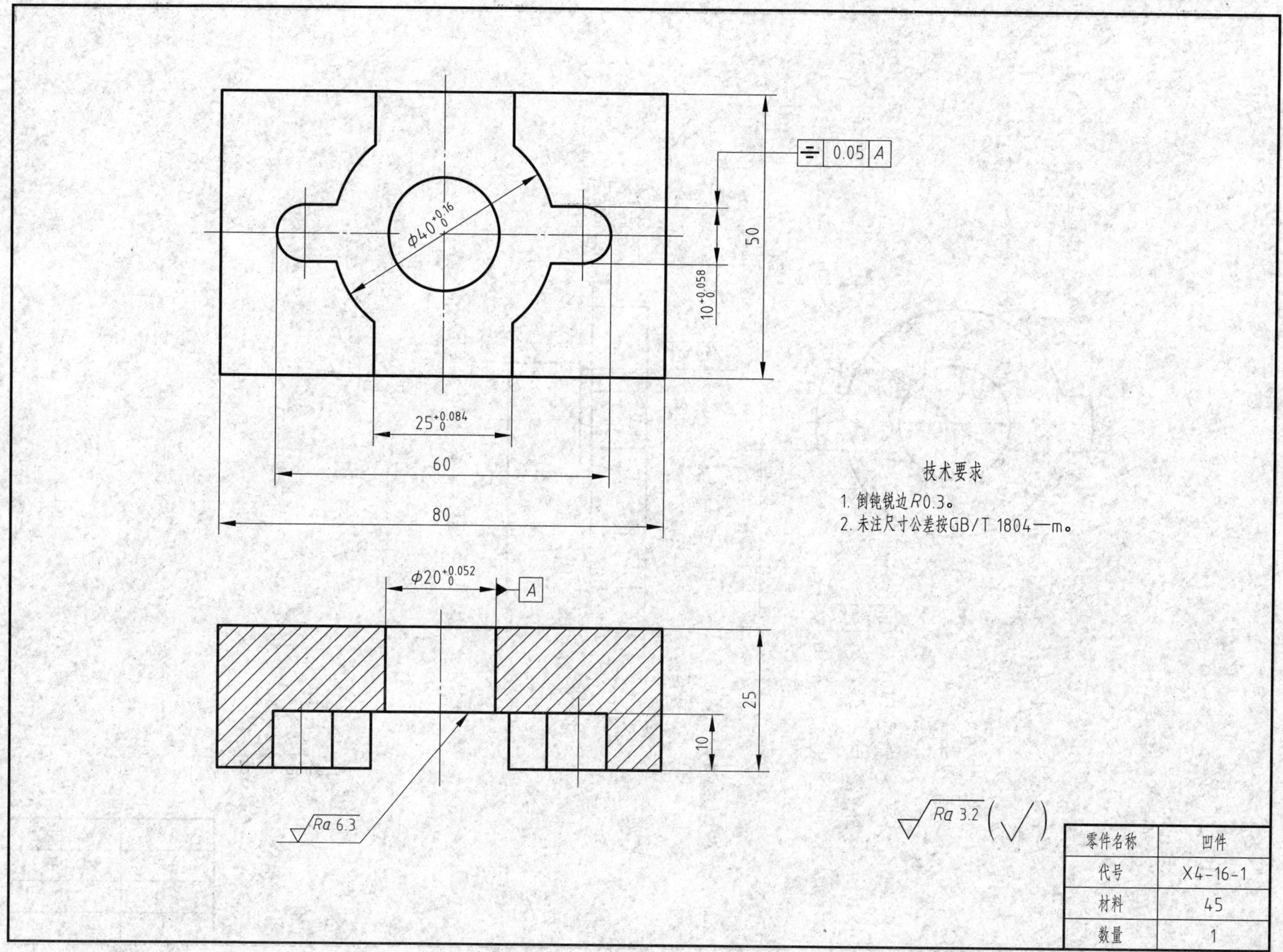
0.05 A
φ40$^{+0.16}_{0}$
50
10$^{+0.058}_{0}$
25$^{+0.084}_{0}$
60
80
φ20$^{+0.052}_{0}$
A
25
10
Ra 6.3
技术要求
1. 倒钝锐边R0.3。
2. 未注尺寸公差按GB/T 1804—m。
Ra 3.2 (√)
零件名称
凹件
代号
X4-16-1
材料
45
数量
1

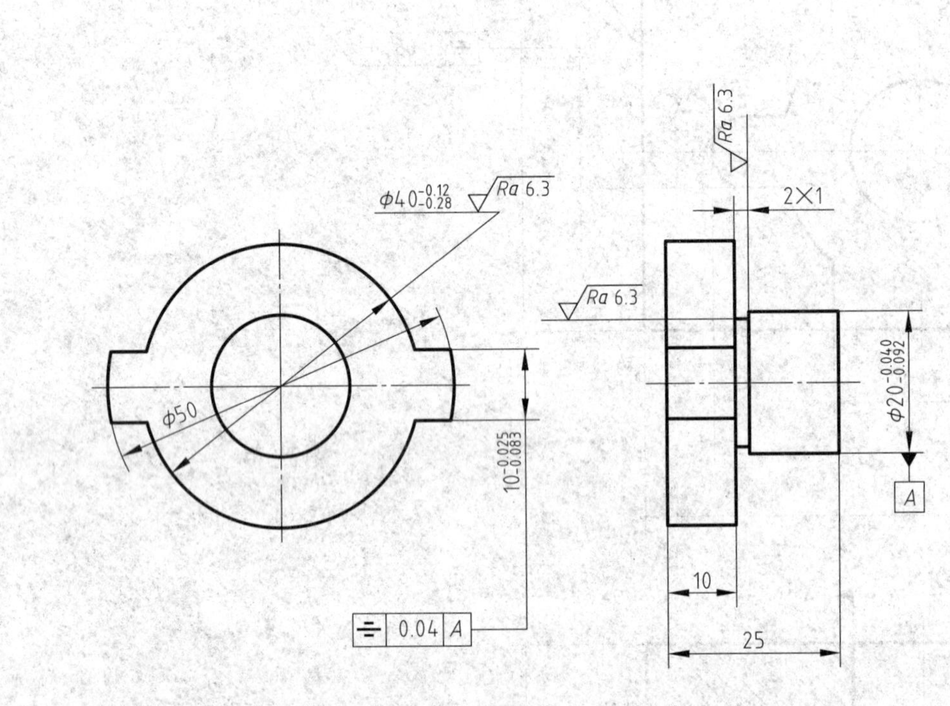

技术要求

1. 倒钝锐边$R0.3$。
2. 未注尺寸公差按GB/T 1804—m。

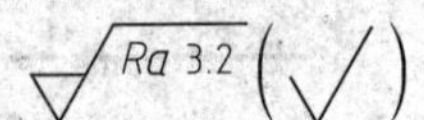

零件名称	凸耳柱塞
代号	X4-16-2
材料	45
数量	1

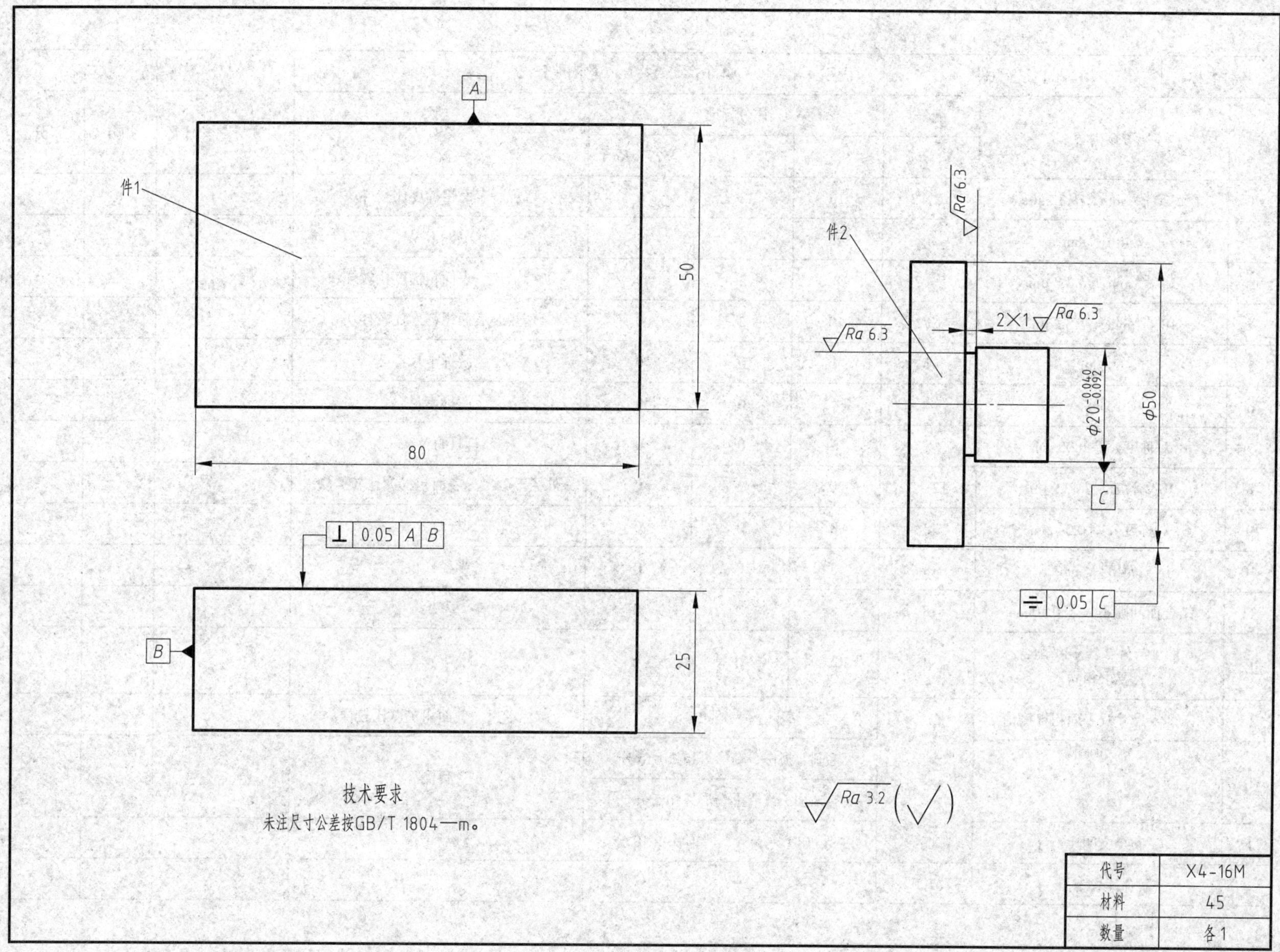
A
件1
50
80
⊥ 0.05 A B
B
25
件2
Ra 6.3
2×1
Ra 6.3
Ra 6.3
$\phi20^{-0.040}_{-0.092}$
$\phi50$
C
0.05 C
技术要求
未注尺寸公差按GB/T 1804—m。
Ra 3.2
代号 X4-16M
材料 45
数量 各1

评分表									
考件名称	凸耳柱塞组件	代号	X4–16	检测编号			总分		
序号	考核内容	配分	评分标准			量具	检测与考核记录	扣分	得分
		T，Ra	≤ T，>Ra	>T，≤ Ra	>T，>Ra				
1	$\phi 20^{+0.052}_{0}$ mm，Ra3.2 μm	10，2	10	2	0	塞规、表面粗糙度比较样块			
2	$\phi 40^{+0.16}_{0}$ mm	8	8	0	0	游标卡尺			
3	$25^{+0.084}_{0}$ mm，Ra3.2 μm	8，2	8	2	0	游标卡尺、表面粗糙度比较样块			
4	$10^{+0.058}_{0}$ mm，Ra3.2 μm	10/2	10	2	0	塞规、表面粗糙度比较样块			
5	60 mm	4	4	0	0	游标卡尺			
6	10 mm	4	4	0	0	游标卡尺			
7	对称度公差 0.05 mm	8	8	0	0	杠杆百分表			
8	$10^{-0.025}_{-0.083}$ mm，Ra3.2 μm	12，2	12	2	0	外径千分尺、表面粗糙度比较样块			
9	对称度公差 0.04 mm	8	8	0	0	杠杆百分表			
10	$\phi 40^{-0.12}_{-0.28}$ mm	8	8	0	0	半径样板			
11	结合面间隙不大于 0.10 mm	8	8	0	0	塞尺			
12	件 1 与件 2 转 180°配合要求相同	4	4	0	0	手感			
13	未列入尺寸及表面粗糙度值		每超差一处扣 1 分			游标卡尺、表面粗糙度比较样块			
14	外观		毛刺、损伤、畸形等扣 1 ~ 5 分			目测			
			未加工或严重畸形另扣 5 分						
15	安全文明生产		酌情扣 1 ~ 5 分，严重者扣 10 分			现场记录			
合计		100							
备注									